暴龙是恐龙时代末期的王者，与它们庞大的身躯和硕大的头颅唯一不协调的地方就是它们的前肢。正是这双"小短手"，使暴龙从恐怖大boss瞬间变身卖萌明星。

　　在史前新生代的南美洲，有一类比鸵鸟还要巨大的猛禽——泰坦鸟，它们虽不能飞翔，却颇有中生代食肉恐龙的神韵，它们的巨喙曾经是哺乳动物们的噩梦。

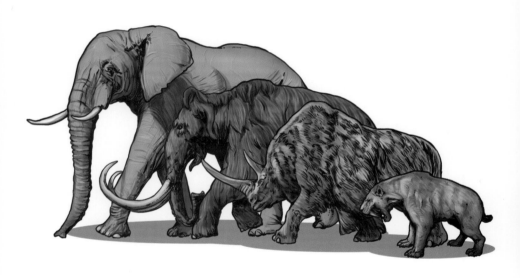

从左到右：非洲象、猛犸象、披毛犀、刃齿虎

听起来极度寒冷的冰河时代，却生活着非洲象、猛犸象、披毛犀、刃齿虎等巨型动物，这些动物组成了一个我们今天难以想象的奇异世界。这难道是因为"大胖子"抗冻吗？

大嚼科学

恐龙防身术

董子凡／著

古生物卷

明天出版社

第 1 章

古生代，生命试验场

目录

第 2 章

中生代，恐龙和小伙伴们

第 3 章

新生代，冷冷的地球

第 **4** 章

化石，当年的故事

第 1 章

古生代，
生命试验场

寒武纪才有多细胞生物吗

讲述地球生命演化时，一个绕不开的概念就是"寒武纪大爆发"。化石记录从5.41亿年前的沉积岩层开始丰富起来：千姿百态的多细胞生物让人目不暇接，终于不再只有缺乏观赏性的单细胞生物了。这次生命大爆发，的确是地球生命演化的里程碑，只是多细胞生物的出现，并不是从此时开始的。

意义重大的大爆发

地球有46亿年历史，在大约35亿年前就出现了最早的生命，又在20多亿年前出现了有完善细胞结构的生物。然而在此之后很长时期内，地球生命基本都是处于简单、微小的单细胞状态。

直到大约5.41亿年前，地质年代进入了寒武纪。在2000万～3000万年间的"较短"时期内，复杂的多细胞生物突然增多。尤其在动物界，腔肠动物、环节动物、软体动物、节肢动物等几乎所有"门"级类的现代动物,当时都在海洋里出现了。其中还涌现了最早一批真正有腿、眼睛和外壳的动物,比如著名的三叶虫、诡异的怪诞虫、可怕的奇虾……其中还有一种昆明鱼,它们已经有了原始的脊椎,可能是包括人类在内各类脊椎动物的"老祖宗"。

实际上,在寒武纪之前的几千万年里,地球海洋里已经出现了一批多细胞生物,统称为"埃迪卡拉动物群"。这些生物虽然不像寒武纪大爆发的主角们那样多姿多彩,但却是当之无愧的先驱。

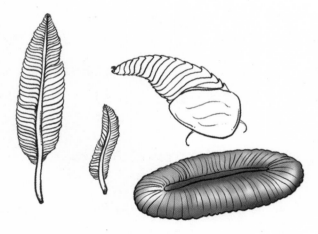

埃迪卡拉动物群

古怪如外星生物

1946年,古生物学家在澳大利亚南部的埃迪卡拉地区,发现了一些前所未见的生物化石。首先让人感兴趣的是它们的年代：距今6亿年左右，比寒武纪大爆发早了约5000万年！

除了年代久远，这些生物的外形，也跟今天的物种迥然不同。作为浅海生物，它们的身体普遍像气垫一样柔软轻薄，有些像管子，有些像盘子，有些像不规则的风帆，有些如同带着叶柄的树叶，还有少数具有硬壳。其中小者只有几毫米、几厘米长，大者可达1米长。无论大小形状如何，大多数生物既没有发达的肢体，也没有敏锐的感觉器官，几乎处于"混沌"状态。由于它们身体柔软，化石保存的其实只是它们留下的印痕，或是爬行之后留下的痕迹。

除了单细胞和多细胞藻类，埃迪卡拉动物群还出土了30多种无脊椎动物，古生物学家把它们分别归入水母、水螅、海鳃、环节类蠕虫等类群，甚至还有（疑似的）节肢动物。但也有些长相特别奇怪的种类，跟目前已知的任何一类动物都不相似，甚至都不好说是动物还是植物，从普通人的角度看，它们简直就像外星生物一样诡异。

在此之后，世界各大洲几乎都发现了早于寒武纪大爆发的多细胞生物化石，生物种类也越来越丰富，证明埃迪卡拉动物群并非偶然出现。目前，全球发现的类似生物群已达200多个，包括中国贵州的瓮安生物群，而其中最古老的生物群早于6亿年前。

只会吸氧，输掉竞争

由于地质学界习惯用生物化石来划分地层，埃迪卡拉动物群提供的越来越多的证据，让地质学界无法忽视。2004年，国际地质科学联合会正式把6.35亿～5.42亿年前这段时期命名为"埃迪卡拉纪"，作为元古宙的最后一个纪元。

埃迪卡拉纪的地球，大气中的氧含量比之前明显增加，繁盛的单细胞藻类也吸收了大量紫外线，这为更复杂的生命的产生提供了条件。不过，埃迪卡拉纪的大气氧含量仍只有今天的6%左右，而当时生物"摊大饼"般的扁平体形，正好有利于增大身体表面积以吸收更多的氧。氧的稀缺，或许也限制了它们演化出更复杂的身体结构的可能。

对于埃迪卡拉纪动物群消失的原因，古生物学家们莫衷一是。过去的流行观点认为，它们"成也氧气败也氧气"：埃迪卡拉纪结束时，地球进入冰期，海洋含氧量骤减，导致多细胞生物纷纷灭亡。但之后越来越多的证据表明，它们并没有马上灭绝。它们出现衰退的主要原因是，寒武纪时，藻类空前繁盛，氧气增多，催生了一批身体结构更复杂、运动能力更出色的生物，而埃迪卡拉纪的老家伙们在新锐面前缺乏竞争力，于是就被淘汰了……

埃迪卡拉不是起点

长期以来，很多科学家把埃迪卡拉动物群看作大自然"一次失败的尝试"，认为它们在寒武纪到来之前就灭绝了，跟后来的生物演化毫无关系。有人猜想，如果它们能挺过那次灭绝，继续演化，或许地球生命史就要从头改写了！不过也有观点认为，埃迪卡拉纪的多细胞生物并未全灭，它们跟后来的生物有一定的亲缘关系。

实际上，诞生于寒武纪之前的埃迪卡拉动物群，也不是最早的多细胞生物。早在12亿年前的中元古代，海洋中就出现了多细胞的红藻。2010年，一个法国科研团队还在《自然》杂志上宣布，他们在非洲加蓬发现了21亿年前的多细胞生物化石！在寒武纪之前的古老沉积岩层中，不知还隐藏着什么发现。

非常问

为什么说寒武纪是生命大爆发时期？

19世纪达尔文撰写《物种起源》的时候，曾经对一个奇特现象感到不解：从5.4亿年前的寒武纪开始，地层中突然有了大量的多细胞生物化石，而在更早的地层里却找不到它们的祖先。

100多年过去了，尽管埃迪卡拉动物群可以部分解答这个问题，但"寒武纪大爆发"这个称呼依旧名副其实。寒武纪时，不仅动物所有的"门"级分类单位全部出现，它们的身体结构也比埃迪卡拉纪时"高端"了许多——带甲壳的、长眼睛的、运动迅速的种类纷纷出现，尤其是出现了一批专吃其他动物的捕食者。从寒武纪开始，地球生命在竞争中变得越来越多样，越来越精彩。

三叶虫是哪"三叶"

　　说到古生物，人们往往首先想起庞大的恐龙、神奇的始祖鸟，以及我们的老祖宗古猿……但还有一类不起眼的史前动物，不光资历比上面这些"明星"都古老得多，知名度也毫不逊色，这就是三叶虫，曾经在地球上生活了3亿年的"超级小强"。

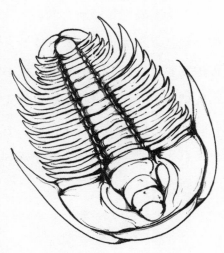

一张"鞋底"分三叶

顾名思义，三叶虫的外表，应该是如同三片叶子组合起来一样。不过，到底是哪三片叶子呢？一般人就未必能说上来了。

在自然博物馆里，基本都能找到三叶虫的化石。它们粗看如同鞋底，是带有横向条纹的圆形或椭圆形。再仔细观察，就可以发现其身体纵向分为头甲、胸甲和尾甲三部分，由一条突起的中轴贯穿，胸甲两侧则是一条条像肋骨一样的体节。这些体节组成的两片"肋叶"，加上中央的"轴叶"，就是它们名字的来源。

三叶虫的甲壳主要由几丁质、碳酸钙和磷酸钙组成，非常坚硬厚实，一些种类的胸甲背面还有刺，为身体提供了良好的保护。唯一的问题是，甲壳不会随着身体长大而变大，因此它们在生长过程中需要经常蜕壳。与虾蟹、蝎子不同，三叶虫在蜕壳期间，不能把壳中的大部分矿物质重新吸收，而是留下近乎"满状态"的外壳，因此比较容易在地层中保存下来。这也解释了三叶虫化石为什么常见——大部分根本不是它们的遗体，只是蜕掉的空壳而已！

最早开眼看世界

在分类学上，三叶虫和今天的昆虫、蜘蛛、蝎子、虾蟹同属于节肢动物门，但自成一个三叶虫纲，身体结构跟今天的节肢动物差别不小。它们最初出现在5亿多年前的寒武纪早期，跨越了恐龙出现前的整个古生代。

在漫长的岁月里，三叶虫演化出了繁多的种类，被人类发现化石并命名的就有至少15000种。其中最大的是发现于葡萄牙的乌拉裂肋虫，长70多厘米；而最小的球接子三叶虫只有1毫米~2毫米，比许多蚂蚁还小。一般的三叶虫，体长在几厘米到20厘米之间。

今天看来，三叶虫非常原始，不过在那个洪荒年代，它们身上却有一种非常"先进"的器官——眼睛。大部分三叶虫都有眼睛，由透明的方解石晶体构成。这种眼睛结构简单，但大量晶体组合成"复眼"，也能具有一定的视力。眼睛的形成，让三叶虫无论是在躲避敌害还是捕捉食物时，都具备了竞争优势。科学家认为，正是三叶虫等最早一批长眼睛的生物的出现，给其他生物增加了进化压力，从而加快了寒武纪时期的生命大爆发进程。

消极防御 对抗天敌

　　与今天相比，三叶虫生活的古生代海洋物种不多，但也形成了完整的食物链，三叶虫在里面同时扮演"吃"与"被吃"的角色。它们的嘴巴长在头甲之下，结构有点像吸尘器，能从泥沙、海水中过滤、吸食小型的动植物，或者其他动物的尸体残渣。化石显示，有些三叶虫还会主动捕食其他种类的三叶虫，甚至对自己的同族也不放过。

　　迄今发现的三叶虫化石，有不少都是伤痕累累，甚至被咬掉了一半足，看来它们在史前海洋中活得并不容易。随着时间的推移，能弄破三叶虫甲壳的捕食者也越来越多，包括寒武纪的奇虾，奥陶纪之后的鹦鹉螺、板足鲎等其他节肢动物，以及不断变大变强的原始鱼类……

　　面对越发强大的敌人，三叶虫的演化对策是"消极防御"，而不是变得更敏捷。由于足细小笨拙，它们通常只能在海底缓慢爬行，或是在水中随波逐流，只有部分种类能勉强游泳。为增强防护，有些三叶虫还能像刺猬一样，把身体蜷缩成一个球，保护柔软的头部和腹部。

没赶上恐龙时代

比起恐龙、猛犸象等史前巨兽，平凡的三叶虫却更受地质学家重视。在野外要确定某个地层所处的年代，并不是随时随地都有仪器的；但只要发现了三叶虫化石，就能确认是古生代的地层，甚至还能根据三叶虫的种类来进一步判断具体时期。另外，如果有三叶虫化石，就表明当时那里还是一片海洋，这为研究海陆变迁提供了依据。

三叶虫成功繁衍了近3亿年，但到了2.5亿年前的二叠纪末期，地球上的各个大陆逐渐连接在一起，气候、环境的剧变导致了生物史上最惨烈的一次大灭绝事件。包括三叶虫在内，超过90%的海洋生物没能挺过那次劫难。接下来波澜壮阔的恐龙时代，也跟它们无关了。

非常问

马蹄蟹和三叶虫是同类吗？

至今仍生活在亚洲、北美沿海的鲎（俗名马蹄蟹），模样颇有三叶虫的"神韵"：头胸部、腹部两片组成类似马蹄的形状，后面拖着一条长剑一样的坚硬尾巴。但它们属于节肢动物中的肢口纲，跟三叶虫的亲缘关系并不太近。

　　鲎最早出现在4亿多年前的奥陶纪，也算是三叶虫的"老战友"，直到今天相貌都没啥变化。它们平时隐藏在浅海海底的泥沙中，每年6月上岸繁殖，常被人捕捞。不过现存4种鲎的数量都已经不多，其中的圆尾鲎体内还有与河豚毒素类似的毒素，食用它们很容易引起中毒，所以还是放过它们为好……

鱼石螈是不是登陆先锋

　　今天生活在陆地上的我们，总会把四足动物登陆视为生命演化史上的伟大事件，毕竟没有它们上陆发展，就不会有后来的恐龙、鸟类、哺乳动物，更不会有我们人类。而"登陆先锋"这顶桂冠，自从19世纪以来，就常常被放在一种貌不惊人的古生物——鱼石螈的头上。

　　鱼石螈生活在距今3.67亿～3.6亿年的泥盆纪晚期。它们的模样、体形都有点像今天的大鲵：体长约1米～1.5米，有硕大的脑袋、短小却完整的四肢，以及拖在身后的长尾巴。根据

化石显示的骨骼结构，鱼石螈应该是用肺呼吸的。尽管后来也发现了生存于3.75亿年前、长有肉鳍和肺部的提塔利克鱼，但它们的肉鳍没有完整的四肢骨骼，而且仍主要用鳃呼吸，不算真正的四足动物。

然而对于这个"先进典型"，一直有古生物学家心存疑虑：泥盆纪被称为"鱼类的时代"，鱼石螈是不是太超前了呢？

肢体太弱难走路

100多年来，从欧洲西部、格陵兰到北美大陆，都发现了鱼石螈的化石，这些地方在泥盆纪都属于同一块大陆。根据这些丰富的化石材料，如今古生物学家可以用计算机技术，精确模拟鱼石螈的四肢运动方式。结果发现，它们在岸上几乎寸步难行！

原来，鱼石螈虽有真正的四肢，但四肢结构还比较原始，无力把身体推离地面，做出关节弯曲、向前爬行的动作也很费力。尤其是它们的后肢又短又弱，上岸的话真的会"拖后腿"，基本没啥用。另外，鱼石螈的尾椎也像鱼一样是侧扁的，它如果在岸上爬行太久，非被磨得遍体鳞伤不可。

不过也不能说鱼石螈不会上岸。它们的前肢、脊柱和肋骨都比较强壮有力，足够在岸上支撑身体，可以用前肢拖着身子勉强往前爬；此外，与头骨相连的几节脊椎，也变得比鱼类的更加灵活，成了最早的"脖子"。它们如果一辈子生活在水里的话，是不会演化出这些骨骼结构的。

先长腿，再登陆

目前来看，鱼石螈和同一时期的原始两栖动物，仍处于从鱼类向两栖类的过渡阶段。它们平时主要生活在水中，比今天的鳄鱼、海鬣蜥等更依赖水，却也有了一定的上岸活动能力。陆地对它们来说，要么是提供食物的浅滩（比如陆上的植物残渣、被冲上岸的腐尸），要么是在干旱时期，它们努力向附近其他水源转移时被迫要爬上的陆地。除此之外，鱼石螈们还是待在水里更自由自在，发达的前肢在水中也能帮忙划水，比用来走路方便多了。当然，它们的幼体和今天的两栖动物一样，应该都是在水里生活、用鳃呼吸的。

正是从这种有限的陆地活动能力开始，鱼石螈在水陆之间开拓出了一片新的生存领域，为后来的两栖动物，乃至所有陆生脊椎动物的演化迈出了关键一步。哪怕在岸上矬了点儿，"登陆先锋"的称号也算当之无愧。只不过按照一般的演化规律，个头这么大的鱼石螈，不可能是后来爬行动物、哺乳动物，以及今天我们人类的直系祖先。

四足动物登陆，没啥大不了

实际上，把鱼石螈一族捧为登陆先锋，主要还是出于我们的"脊椎动物本位"心理。早在泥盆纪的前一个纪元——志留纪，类似蝎子、蜘蛛和蜈蚣的节肢动物就已经在陆地上生活了，比鱼石螈早了5000万～6000万年。而动物能在陆地上生存，也离不开植物的支持，裸蕨、石松这些最早登陆的植物也是在志留纪出现的。而真正"深藏功与名"的登陆老前辈，还得说是那些单细胞藻类甚至原始细菌吧……

早先的生物学课本，还把"从水生到陆生"作为生物进化的基本规律之一，今天看来也有失偏颇。一部分水生动物上岸发展，只是演化的一个方向而已，且不说还有鱼龙、海龟、鲸类这些返回水中生活的呢。尽管陆地上复杂的环境、多变的气候确实比相对稳定的水体环境更能刺激生物演化，但如今脊椎动物中种类最多的仍是鱼类。全世界的硬骨鱼和软骨鱼约有3.2万种，超过两栖类、爬行类、鸟类和哺乳类的总和；全球大气中的氧气，也有近90%来自海洋藻类，陆地植物的贡献只占一小部分。生命在陆地上奋斗了几亿年，从某种意义上来说，依然是"非主流"啊！

非常问

鱼石螈跟蝾螈是什么关系？

鱼石螈虽然中文名字里有个"螈"字，但其实跟蝾螈完全是两码事，在分类学上就像人类和袋鼠一样远。今天地球上的蝾螈、青蛙、蟾蜍等两栖动物，都属于滑体亚纲，而鱼石螈则属于已灭绝的迷齿亚纲。

在演化史上，滑体亚纲其实一直不怎么显山露水，迷齿亚纲两栖类才是最风光的，几乎所有的史前巨型两栖类都出自这个家族。也就是说，从泥盆纪、石炭纪、二叠纪到中生代早期横行的各种巨型"螈"，其实都不是真正的蝾螈！至于"迷齿"这个名字，源自它们牙齿化石的横截面上的曲曲折折、迷宫一般的纹路。

石炭纪的虫子，
为啥这么大

或许我们内心一直隐藏着对巨型虫子的莫名恐惧，所以才有了许多关于巨型昆虫的恐怖电影。其实在地球历史上，还真有过一个"巨虫时代"，这就是距今3.58亿~2.98亿年的石炭纪。

生机勃勃的煤炭

石炭纪是古生代第1个纪元寒武纪生命大爆发之后，古生代的第5个纪元。之所以叫这个名字，是因为地球上至少一半的煤炭，都位于这个时期形成的沉积岩层中。

石炭纪的气候温暖湿润，促使植物大举登陆并迅速演化，出现了石松类、真蕨类和种子蕨类植物，使地球表面大部分都覆盖着茂密的森林。如今地下那些黝黑干硬的煤炭，就是当年绿色森林的遗迹。

有了铺天盖地的绿色植物，石炭纪的动物们也奋力演化出新花样。鱼类当中的一些成员，就把鱼鳍变成了四肢，爬到陆地上用肺呼吸，成为全新的两栖动物。但两栖动物的卵和幼体必须在水里发育，成体也要保持体表湿润，仍不能完全摆脱对水的依赖。与此同时，一类长有硬壳和许多条腿的动物抢先登陆，它们就是包括昆虫、蝎子、蜘蛛在内的节肢动物。

最早的飞行霸王

以优美的飞行身姿、凶猛的捕食习性闻名的蜻蜓，在英语中被称作dragonfly——龙之飞虫。蜻蜓虽拥有昆虫中最发达的视力，却是一类古老的昆虫，不能折叠的翅膀就是原始特征。在石炭纪晚期，还曾有过一种更具"龙威"的蜻蜓——巨脉蜻蜓。它们和今天的蜻蜓一样有细长的身体、巨大的复眼和两对透明翅膀，但它们的翅膀展开足有75厘米宽！

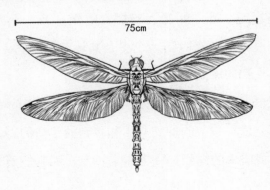

75cm

巨脉蜻蜓的翅膀结构，跟今天的蜻蜓差不多，由细密的网状翅脉支撑加固。古生物学家曾经以为，这么大的蜻蜓一定飞不动，只能笨拙地滑翔。然而后来的研究表明，巨脉蜻蜓也能以现代蜻蜓的方式飞翔，只是不一定能做出那些精巧的飞行特技动作，速度也要慢一些。强有力的翅膀配上发达的双颚，使巨脉蜻蜓成为凶猛的掠食者，它们的猎物可能包括当时的其他巨虫，甚至是中小型两栖动物。今天的牛蛙、蟾蜍如果穿越回了石炭纪，恐怕也会沦为巨脉蜻蜓的口中餐吧……

巨脉蜻蜓是史上最大的飞行昆虫，也是最早会飞的动物之一，它们所属的原蜻蜓目早在3亿年前就飞上了天空。尽管它们并非今天蜻蜓的祖先，但比起后来的蜜蜂、蝴蝶、甲虫，以及翼龙、鸟类、蝙蝠等，巨脉蜻蜓仍不愧是飞行界的老前辈。

巨虫横行的土地

在石炭纪，除了蜻蜓、蟑螂和蜉蝣，我们熟悉的大部分昆虫都还没出现。当时陆地上多是其他节肢动物，比如2米多长的千足虫和70厘米长的大蝎子。

今天的马陆俗称"千足虫"，是温顺无毒的素食小虫。可它们那分成一节节的细长身体和多到数不清的脚，使它们总被人错当成有毒的蜈蚣，让人避之不及。而它们石炭纪的亲戚古马陆，对怕虫的人来说简直就是噩梦了——体长2.3米、体宽0.5米，足有两张写字台那么大！身为史上最大的陆生节肢动物，古马陆有上百只步足，背覆厚实的甲壳，能在潮湿的森林底层穿行自如。

至于蝎子，它们作为首批登陆的节肢动物之一，到石炭纪已经是"老司机"了。当时陆地上最大的蝎子是普莫诺蝎，它们和今天的蝎子一样身披硬壳，有一对钳子般的螯肢和一条带螯针的尾巴，但是全长足有70厘米……尽管化石没法透露它们到底有多毒，但足以确定普莫诺蝎是不好惹的食肉动物。

氧气足，才有大虫子

石炭纪被誉为节肢动物的时代，此后陆地上再没出现过这么大的节肢动物。巨虫的后辈们不是不争气，而是输给了"天时"。前面提到，石炭纪时陆地植物极为繁茂，它们的光合作用释放出了大量氧气，据估算当时大气含氧量达到空前绝后的30%以上，而今天只有21%。昆虫、马陆、蝎子这样的陆生节肢动物，没有复杂的肺，而是靠连通体表的微型气孔，或多层气管折叠而成的书肺来呼吸，吸收氧气的效率不如脊椎动物高。因此，只有在含氧量这么高的环境里，它们才能突破自身呼吸系统的限制，长到超乎想象的体形。

多年来，古生物学家一直这么解释石炭纪巨虫出现的原因，但近年又有一种新观点：动物吸入过量氧气会造成细胞受损，于是在水中用鳃呼吸的蜻蜓幼虫，或是气孔无法关闭的马陆，就由于氧中毒被淘汰，为了生存，它们的个头在演化中越变越大，这样相对体形而言吸收的氧就减少了。也就是说，石炭纪虫子变大不是为了多吸氧，反倒是为了少吸氧。而当时的蟑螂从若虫阶段就能关闭部分气孔，因此不用长那么大就能保护自己……真是万幸没出现巨型蟑螂啊！

在石炭纪末期，全球出现了一次冰期，气温剧降，空气变得干燥。大片陆地又重新荒芜，植物剧减导致大气含氧量随之降低，巨虫们纷纷灭绝。此后地球再没有过这么多的氧气，虫族们也就一直保持着渺小的身材，专走数量路线了。

非常问

蟑螂为啥如此"小强"？

很多人哪怕并没看过星爷的《唐伯虎点秋香》，但蟑螂的"小强"这个别号已经深入人心。从3亿多年前的石炭纪出现以来，蟑螂的身体结构基本就没什么变化，却在之后的一次次大灭绝中幸存下来，至今还在我们的身边爬来爬去，死活赶不走。论生存能力之顽强，蟑螂家族在动物当中可谓出类拔萃。

蟑螂属于蜚蠊目昆虫，它们没有甲虫的硬壳，没有蝶蛾、蜂类的出色飞行能力和蝗虫的弹跳力，却有充足的体力长途爬行，听觉、嗅觉和触觉都很敏锐。大多数种类的蟑螂，都是不挑嘴的杂食性，只要是有机物就能吃。它们身体扁平，这有利于藏匿在狭小的缝隙里，便于躲避天敌和不利环境。雌蟑螂产下的卵包裹在卵鞘中，并且雌蟑螂会将卵随身携带，直到孵出小蟑螂，这使它们拥有较高的繁殖成功率。

还有一部分蟑螂演化出了群居习性，伴随人类的德国小蠊、美洲大蠊等就是如此。这样在较小的生存空间里就可以容纳更多蟑螂，它们寻找食物、繁衍后代也更方便。将蟑螂的群居习性演化到极致的是等级森严、分工明确的真正社会性昆虫——白蚁。白蚁的模样像蚂蚁，但身体结构跟蟑螂很像，与蟑螂有共同祖先，在现代昆虫分类中被划进了等翅目。

其实比起后来出现的许多昆虫，蟑螂的适应力也没那么"逆天"。比如，野生的蟑螂种类绝大部分生活在热带、亚热带地区，它们对中高纬度的严冬缺乏办法，也难以在比较干旱的环境里生存。现存的蟑螂只有4000多种，在昆虫世界里只是个小家族了。

鲨鱼是怎么成为
海洋霸主的

如果要问海洋里哪种动物最厉害，或许很多人会脱口而出——"是鲨鱼吧！"的确，无论是占据海洋食物链顶端的大白鲨，还是世界第一大鱼鲸鲨，以及速度奇快的灰鲭鲨、造型诡异的双髻鲨……都彰显着一股王者风范。而鲨鱼家族长达4.5亿年的悠久历史，在所有脊椎动物里面也是数一数二的。只不过在大多数时间里，它们并不是海中王者……

起步足够早，却总是被压制

紧跟着寒武纪大爆发的奥陶纪，陆地上仍是一片荒芜，海洋里却越来越热闹。原始的鲨鱼，这时也作为早期脊椎动物的代表出现了。这种被命名为*Tantalepis*的鲨鱼，体表覆盖着细碎坚硬的盾鳞，很像现代鲨鱼体表的砂纸一般的皮，但它们很可能没有牙齿，甚至没有真正的嘴——古生物学家并没找到它们牙齿、颌骨的化石。

要知道，鲨鱼是软骨鱼，脊椎和其他软骨在它们死后很容易分解。迄今找到的大部分鲨鱼化石，都以完全骨化的牙齿与颌骨为主。没有鲨鱼家族标志性的利齿，原始鲨鱼在面对当时称霸海洋的无脊椎动物，比如10米长的巨型鹦鹉螺、2米多长的板足鲎等的时候，恐怕也只是小杂鱼而已。

到了4亿年前的泥盆纪，这是鱼类的黄金时代，地层中越来越多的鲨鱼化石也显示着它们的存在感。比如长约2米的裂口鲨，已经有了类似现代鲨鱼的流线型身体、尖利牙齿，以及较强的咬合力。但这点本事还不够当老大，当时的霸主是盾皮鱼类，水平不知比它们高到哪里去了——盾皮鱼类有铡刀一般的骨板状牙齿，身体前半部披着骨质甲片，如同海中的活坦克。其中最厉害的邓氏鱼，能长到10米长、3吨重，咬合力超过暴龙！裂口鲨及其同类们，无论攻防都完全不够看的。

在接下来的石炭纪，笨重的盾皮鱼类完蛋了，鲨鱼终于雄起了一把。它们不仅占据了海洋食物链的顶端，还和鳐鱼等软骨鱼类近亲一起，成为了当时海洋鱼类的主流（想象一下，海里游的全是大大小小的鲨鱼是什么感觉）。只是关于进化史的科普读物，提到石炭纪总是聚焦在陆地的森林、巨虫和两栖动物身上，鲨鱼的这段黄金岁月就没抢到头条。

"海怪"阴影下，并非小配角

进化舞台上没有永远的王者，鲨鱼也不例外。先是它们的远亲——硬骨鱼类逐渐后来居上，一步步蚕食着小型鲨鱼的生存空间；在距今2.5亿年的二叠纪末期，地球又迎来了一次大灭绝，鲨鱼家族损失惨重，种类数量大不如前。更要命的是在此之后，当年硬骨鱼类登上陆地的一支后裔、也就是身披鳞片用肺呼吸的爬行动物，回到海洋抢地盘了！

在整个中生代，也就是恐龙时代，海里同样是爬行动物为王，幻龙、鱼龙、蛇颈龙、沧龙、海栖鳄类……你方唱罢我登场，"海怪"级别的巨型掠食者一个接一个。相比之下，鲨鱼只能退居二线杀手的地位，星光黯淡。

很多古生物爱好者或许都有这个印象，但鲨鱼能在强大的竞争压力下幸存这么久，本身就说明了其实力不俗。再说它们在中生代也没闲着，一直在持续进化中。距今约1亿年的晚白垩世，鲨鱼家族中最强悍的一支——鲭鲨目终于登场，今天的大白鲨、灰鲭鲨等都是它们的后裔。而当时的白垩刺甲鲨，就长到了不逊于大白鲨的体形，体长5米～7米，化石显示它们甚至会攻击沧龙。如果穿越到白垩纪海洋的话，忽视鲨鱼可是要吃大苦头的……

熬过大灭绝，再创新辉煌

　　6500万年前的大灭绝，把各路"海怪"跟陆地上的恐龙一窝端，鲨鱼却又一次成了幸存者，继续笑傲新生代的海洋。这时候的鲨鱼，基本造型、身体结构已经跟今天的没什么差别了，只是在大型化方面做了一点微小的工作，推出了体形硕大却与世无争的鲸鲨，以及有史以来最大的鲨鱼——巨齿鲨。

　　巨齿鲨是现存大白鲨的近亲，相当于放大版的大白鲨。根据牙齿与颌骨化石推测，它们能长到16米～20米长，体重超过40吨！就算与今天的巨鲸相比也不相上下。实际上，生活在2800万～150万年前的巨齿鲨，主要猎物就是鲸类。庞大的体形蕴含着惊人的力量，再配上鲨鱼家族修炼了4亿年的绝学，巨齿鲨很可能拥有脊椎动物史上最强的利齿、最大的咬合力！要不是后来全球洋流变化让鲸类远赴极地，巨齿鲨能活到今天也说不定。

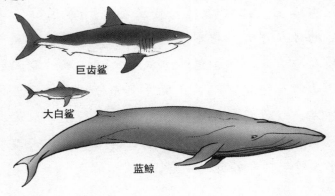

巨齿鲨

大白鲨

蓝鲸

经历了一波波海洋霸主的来来去去，鲨鱼家族始终能屈能伸，宠辱不惊，至今仍在海洋食物链的顶端秀着牙齿。就连身为智慧生物的人类，在海里看到冲破水面的尖尖背鳍，也要吓得抖三抖呢。如果没有鲨鱼，几亿年来的海洋生命史恐怕都要改写了。

非常问

鲨鱼不游泳就会憋死吗？

有个流传很广的说法是：鲨鱼不游泳就没法呼吸，所以一辈子必须不停游泳。然而在海洋馆里，经常可以看到趴在水底一动不动的鲨鱼，这又是咋回事呢？

实际上，比较原始的鲨鱼类型，都采用"口腔抽吸"的方式呼吸：把水吸进嘴里，经过鳃吸收氧气，再由鳃孔排出来。这种呼吸方式跟大部分硬骨鱼相同，只要动动嘴和鳃就可以了。现存大部分种类的鲨鱼仍然这么呼吸，所以它们可以待在水底守株待兔，或是游一会儿就歇一会儿。这类鲨鱼通常性情温顺，攻击性不强，在水族馆里饲养的也比较多。

但要想游得快，就得靠另一种效率更高的呼吸方式——撞击换气，就是在游动过程中"撞击"海水，使得大量海水快速冲入嘴里，从而在相同时间内获得更多氧气。绝大部分鲨鱼都能切换这两种呼吸方式，但有些游动能力比较强的种类，比如大白鲨、灰鲭鲨和巨大的鲸鲨，已经退化了口腔抽吸这种低端的能力，代价就是游泳根本停不下来，否则真的会憋死……顺便一提，硬骨鱼中的金枪鱼，也走上了这条不归路。

最早飞上天的脊椎动物是什么

　　成百上千的鱼儿跃出水面，张开宽阔的双鳍，像飞镖一样疾速掠过天空……在海上碰见这样一番景象，无疑是奇妙的体验。电影《少年派的奇幻漂流》，就逼真展现了飞鱼群凌空的精彩场面，令观众大呼过瘾。

　　飞鱼分布在全球的热带、温带的广阔海域，它们虽不能像鸟一样真正飞翔，不过也能在空中持续滑翔几秒到几十秒、大约50米～400米的距离，最高时速可达72千米。

　　目前全世界共有60多种飞鱼，在2万多种鱼类当中是不折不扣的"少数派"，然而它们的这种活动方式，可是有古老传统的。2009年，中国科学家在贵州兴义发现了一种2.4亿年前的史前飞鱼化石兴义飞翼鱼，它们比恐龙出现在地球上还要早近1000万年。

当鱼鳍化为鱼翅

"北冥有鱼，其名为鲲。……化而为鸟，其名为鹏……"生活在两千多年前中国中原地区的庄子，无缘前往热带海洋目睹飞鱼的英姿，却在笔下营造了壮美雄阔的意境。鹰击长空，鱼翔浅底，鱼鳍本是用来划水的，为何能变成在空中飞行的"翅膀"？

飞鱼的滑翔过程，是用力摆动尾鳍将自己"发射"出水面，再张开又长又宽的胸鳍、腹鳍，获得一定的升力，从而在空中短暂停留。不过它们毕竟没有鸟类那样强大的肌肉力量，因此在空中不能挥动"翅膀"，再说它们离开水也没法呼吸。2.4亿年前的兴义飞翼鱼，身体结构也与今天的飞鱼惊人相似。

化石显示兴义飞翼鱼体长约15厘米，它们的胸部两侧也长着一对宽阔的胸鳍作为"主翼"，腹部还有一对较小的鳍，可作为滑行时的"辅翼"。兴义飞翼鱼的尾鳍分叉很深，下半叶明显比上半叶强壮，能在快速摆动时产生强大的推力，帮助其跃出水面。它们跃出水面后张开胸鳍、腹鳍，就可以滑翔一阵子了。

尽管兴义飞翼鱼的滑翔技术延续至今，但它们并不是今天飞鱼的直接祖先。现代飞鱼的祖先是一支早已灭绝了的鱼类。现代飞鱼的演化历史仅能追溯至6500万年前，它们的滑翔能力完全是后来独立演化出来的。不同年代、不同类群的两类鱼，却在演化适应过程中采用了相似的策略，不禁令人感慨冥冥之中的演化法则。

鱼为什么要飞

对于飞鱼演化出滑翔能力的原因，科学家提出了两种假设：一种认为，滑翔能力是为了帮助它们进行长途迁徙；第二种观点则认为，它们可以通过滑翔暂时从水中逃离，从而躲避天敌的攻击。

目前多数研究者更支持第二种推测，因为已经有许多人观察到飞鱼为躲避掠食者而跃出水面滑翔的情况。兴义飞翼鱼的滑翔能力，可能也是为了躲避当时海洋中的肉食性鱼类和鱼龙、蛇颈龙等海生爬行动物。

今天的飞鱼腾空躲避水中的天敌时，依然可能被俯冲而下的海鸟一口吞掉。而兴义飞翼鱼当年可不用担心这个——它们是脊椎动物中第一个飞上天空的，足足比翼龙早了900万年，比鸟类早了8000万年。当时地球上倒是已经有了不少会飞的昆虫，包括翼展近1米的巨大史前蜻蜓，但它们都不能在广阔的外海上飞翔。

一条鱼身上的古地理

在兴义飞翼鱼生活的三叠纪中期，地球的面貌跟现在很不一样。三叠纪之初，整个地球的大陆都连成一片，构成了一个泛大陆（又称"盘古大陆"），到三叠纪中期开始分裂为北方的劳亚古陆和南方的冈瓦纳古陆。两者之间形成的海洋，就被称为特提斯海。如今发现兴义飞翼鱼的我国滇川地区，当时就处于特提斯海的东缘。

以往人们只在欧洲发现过三叠纪飞鱼化石，年代比兴义飞翼鱼晚2700万年，化石发现地位于当时特提斯海的西部。兴义飞翼鱼的发现，证明当时特提斯海的东西两端都有飞鱼分布，而且这些史前飞鱼可能主要活动在靠近海岸的地区。

此外，今天的飞鱼生活在较温暖的海域，是因为当水温低于20摄氏度时，由于鱼类肌肉功能的限制，它们的力量就不足以跃出水面滑翔。因此，研究人员推测当时特提斯海也有着温暖的海水。

大灭绝，真的有那么可怕吗

在兴义飞翼鱼出现前"不久"（当然是从地质史的尺度来说），也就是约2.5亿年前的二叠纪末期，地球生命曾经历了迄今所知最严重的一次大灭绝，估计当时地球上有96%的物种灭绝，95%的海洋生物和70%的陆地脊椎动物都消失了。

以往的理论认为，每次大灭绝发生后，地球需要经历数千万年时间，才会有新演化出的物种来充分填补空出来的一大堆生态位，让整个生态系统重新变得丰富多彩。然而兴义飞翼鱼化石的发现显示，二叠纪末大灭绝后不到1000万年，就出现了这种高度特化的飞鱼。这就说明，当时海洋里的物种已经很丰富多样，生存竞争压力很大，才把一支鱼类"逼上梁山"，走出了这条独特的演化道路。也就是说，地球生命从那次大灭绝中恢复的速度可能比原先预想的更快。

非常问

谁能追杀飞鱼？

大自然不喜欢浪费能量，飞鱼演化出滑翔能力，是为了躲避比它们游得更快的捕食者。在海洋鱼类中，飞鱼的游速已经算是名列前茅了，但比起那些顶级高手还是差些。而那些高手，都是凶猛的大型食肉鱼类——旗鱼、剑鱼、金枪鱼、鲯鳅以及鲨鱼中的鲭鲨，其中前三类都拥有高度流线型的身体、血管密集的肌肉，几乎是半个温血动物。相比之下，俗名"鬼头刀"的鲯鳅身体侧扁，头大尾小，平时经常懒洋洋地躲在漂浮物下面，貌似笨拙，但其实它们的游速也能达到每小时50千米，是飞鱼的重要天敌。为了对抗飞鱼的滑翔能力，这些捕食者往往也有一个必杀技：高高跃出水面，在空中叼住飞鱼。

恐龙防身术

脊椎动物征服陆地，为何要感谢蛋壳

在生物学名词里，并没有"蛋"这个称呼，不管受精没受精、产下没产下一律称为"卵"。不过在生活中，许多人习惯把没有壳的称为"卵"，有壳的才称为"蛋"。实际上，蛋壳的出现，确实是生命进化史上的一个大事件：正是这些外部被石灰质外壳（蛋壳）覆盖、内部有羊膜包裹胚胎的羊膜卵，才让脊椎动物在陆地上混得开。

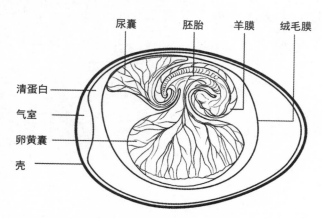

尿囊　　胚胎　　羊膜　　绒毛膜

清蛋白

气室

卵黄囊

壳

一层壳一层膜，锁住水分

自从有性生殖出现以来，卵子与精子的结合体——受精卵，就成了大部分动物生命的开始。动物起源于水中，所以水生动物的受精卵，以及进一步发育的胚胎，并不用考虑失水干死的问题。然而到了陆地上，保护受精卵和胚胎所需的水分不流失、不蒸发，就成了头等大事。

昆虫、蜘蛛、蜗牛等无脊椎动物，卵的体积细小，只要放在阴凉潮湿一些的泥土或苔藓中，或是依靠外包的卵鞘遏制水分流失就可以了。可这些法子对于胚胎较大的脊椎动物不太管用，两栖类、鱼类的卵一般还是需要产在水里。今天生活在沙漠、草原的一些蛙类，以及古生代的一些大型两栖类（比如迷齿类），尽管成体可以生活在比较干燥的环境中，可还是必须在水中或者其他特别潮湿的地方产卵。它们的卵如果直接暴露在阳光下，很快就会因过热或干枯而死。

而在羊膜卵也就是"蛋"中，羊膜为胚胎提供了一个充满羊水的密闭腔体，石灰质蛋壳又进一步隔绝了胚胎与外界的水分交换，这就使胚胎较少受到外界温度、湿度变化的影响，并阻挡细菌、真菌的侵害。当然，蛋壳也不是一层封闭的包装，壳体上密布着大大小小的气孔，能保证胚胎发育过程中的气体代谢。

气候变干燥，促卵壳升级

羊膜卵的出现，标志着脊椎动物真正登上了陆地。最早实现"下蛋"这个伟大创举的，并不是鸟类，而是它们的祖先——爬行动物，也就是说，肯定是"先有蛋，后有鸡"。

想看最早的蛋，得回到距今3.2亿年的石炭纪末期。石炭纪是地球历史上大气含氧量最高、气候温暖湿润的时期，但到了石炭纪末期，全球气候开始变干变冷。这促使当时的淡水霸主——两栖动物，有一部分开始朝着适应陆地环境的方向演化：全身覆盖了干燥的鳞片，防止水分蒸发；骨骼更加强壮，心肺和神经也更发达，便于陆上行动……全新的爬行动物由此诞生。它们产下的羊膜卵，也是适应陆地生活的一件利器。

两栖动物虽名为"两栖"，却仍然依赖高湿度的环境，尤其是卵的孵化、幼体的成长往往离不开淡水；而爬行动物的羊膜卵，能够有效锁住水分，哪怕在极端缺水的沙漠、石堆里也照样孵化。羊膜卵的蛋壳，还能让蛋的体积长到很大，幼体在里面安全发育，一破壳就能满地跑。相比之下，两栖动物的卵由于没有羊膜的保护，哪怕成年后长得再大（比如二叠纪的普氏锯齿螈长达9米），也要从几厘米长的小蝌蚪开始生长，幼年时十分脆弱。因为这些优势，爬行动物后来历经多次环境巨变与大灭绝，却依然兴旺发达，适应了除极地之外的所有生态环境。

1亿多年前的早白垩世，爬行动物当中最雄伟的家族——恐龙，有一支飞向了天空，演化为鸟类。鸟类大致继承了爬行动物的羊膜卵，只是做了一些改良，这促使它们更加坚决地离开了地面。

哺乳动物也曾下蛋

在今天的4000多种哺乳动物中，有5种是下蛋的：产自大洋洲的鸭嘴兽，以及4种针鼹。它们每次产下1～2枚灰白色的软壳蛋，外表像蜥蜴和蛇的蛋，而不像鸟蛋；它们也没有真正的乳头，待到幼兽破壳而出，便从腹部皮肤分泌出乳汁来喂养幼兽。

在分类学上，鸭嘴兽和针鼹属于今天哺乳动物中最原始的一个类群——单孔目，它们与鸟类和爬行动物一样，生殖道、尿道和消化道末端是合在一起的，但大部分身体特征还是跟其他哺乳类相同。实际上，哺乳类的起源比鸟类还要早，哺乳动物在2亿多年前的三叠纪便已出现，是由另一支爬行动物演化而来。至今还在下蛋的"保守派"鸭嘴兽和针鼹，就是哺乳动物起源于爬行动物的绝佳见证。以它们类推，恐龙时代早期的原始哺乳动物，应该也是下蛋的。直到距今约1.6亿年的侏罗纪晚期，才出现了真正胎生的真兽类哺乳动物，比如在我国辽宁发现的中华侏罗兽。

非常问

胎生与卵生相比有什么优势？

羊膜卵也好，非羊膜卵也好，只要是胚胎在母体之外发育、幼体破壳而出的，都被称作"卵生"。可是后来的哺乳动物，却抛弃了这种方式，而采用了直接生娃的"胎生"——羊膜覆盖的胚胎一直在母体内的子宫里发育，并能直接从母体内吸收营养，等到能够自主活动之后才会出世。这种方式一次生下来的孩子不多，母亲又要长时间吃苦受累，不比下蛋孵蛋麻烦多了吗？

实际上，对采用胎生方式的母亲来说，付出这些辛苦，回报就是后代有更高的存活率——胎儿被保护在母亲体内，比孵化期间暴露在外界环境中的蛋更安全，降生前也能从母亲身上吸收到更多的营养，获得更充分的发育。既然存活率上去了，那么每胎少生几个也就可以接受。

人类之前，哪种 "兽"最成功

今天的地球堪称"人类星球"，我们这种直立灵长类的足迹遍布全球各个大陆，种群数量超过70亿，可谓盛况空前。都说人类之前的地球霸主是恐龙，可已知的恐龙只有上千种，称霸地球是它们的"集体荣誉"，某一种恐龙最多只能雄踞一方，比如北美洲的暴龙、中国的马门溪龙。不过，在比恐龙还要久远的年代，确实曾有一种貌不惊人的动物，占据了全世界的几乎所有陆地，它们就是水龙兽。

小龙猪，走全球

2亿多年前，地球刚从二叠纪末期的大灭绝中缓过气来，进入了中生代这个新纪元。爬行动物彻底压倒了两栖动物，成为陆地上的新主宰，只不过当时居于统治地位的不是恐龙，而是另一类非龙非兽的爬行动物，水龙兽就是它们中的一员。

　　水龙兽体长不到1米，体重约90千克，跟一只半大的猪差不多。它的身躯圆滚滚的，四肢弯曲，身后拖着条短尾巴，有点像微缩版的河马。水龙兽的脑袋短粗，口腔内无牙，长着鹦鹉嘴一样的角质喙，喙的两侧伸出仅有的两颗长牙。这副尊容光看复原或许又丑又怪，但若配上动作姿态，或许它活着时还挺"呆萌"的呢。

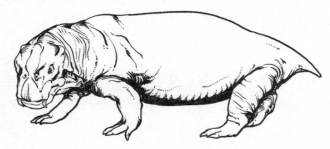

　　1870年，美国人率先发现了水龙兽的化石，并给它起了个"铲子蜥蜴"的学名，因为它的下颌骨有点像铲子。由于早期的研究认为水龙兽喜欢待在水里，所以20世纪初国内研究人员翻译时就发挥了一下，给它起了个"水龙兽"的中文名。

　　一个多世纪以来，古生物学家在亚洲、非洲和南极洲都发现了水龙兽的化石，再加上其他化石以及一系列的地质学证据，这一切都指向了一种可能——在当时，各大洲是相互连接在一起的超级大陆，也就是地质学所说的"联合古陆"。在属于它们的幸福时光里，水龙兽的足迹几乎遍布全球每一块陆地，种群总数估计高达几十亿！它们也是人类出现之前，唯一曾占据过全球陆地生态系统的脊椎动物，当时的地球可谓"水龙兽星球"。

成功秘诀：地下工作

　　既没有强壮的身躯，又没有超群的智力，水龙兽缘何赢在中生代的起跑线上了呢？这多亏了它们特殊的习性。根据后来对化石的分析，水龙兽并非水生动物，而应该是"地下工作者"，喜欢住在洞穴里。水龙兽的前肢、爪子十分强壮，可以挖出四通八达的洞穴，它还可以用长牙挖掘地下的植物根茎，再用坚实的喙把食物咬断，吞进肚里。

　　水龙兽的祖先出现在二叠纪末期，当时芸芸众生正饱受大灭绝期间的极端气候之苦，它们在地下的小日子却相对轻松——洞穴隔绝了地面上的酷热，植物根茎提供了足够食物，它们的短鼻孔、大肺叶又适应当时较低的大气含氧量。当地球恢复生机后，从地下探出脑袋的水龙兽发现当年的竞争对手和天敌全都被一扫而空，于是它们数量暴增，成为陆地上最主要的大型动物。

似龙似兽，非龙非兽

　　名字里带"龙"又带"兽"，暗示着水龙兽的血统非同一般。众所周知，今天包括我们人类在内的哺乳动物，都是从爬行动物演化而来的。不过，从爬行动物到哺乳动物，只是爬行动物的众多演化方向之一，而且也未见得就是最"先进"的方向。

在距今2亿多年的二叠纪和三叠纪，爬行动物出现了"百花齐放"的物种大爆发，其中一支就逐渐具备了哺乳类的部分特征：头骨、下颌骨接近哺乳类，牙齿也像哺乳类一样分化为门齿、犬齿和臼齿。但从整体骨骼结构来看，它们还不能算是真正的哺乳类。非龙非兽的它们，被称为"似哺乳爬行动物"，如今的正式叫法是"合弓纲"，与包括恐龙、翼龙，以及所有现存爬行动物的蜥形纲（旧称"爬行纲"），还有鸟纲和哺乳纲在分类上是平级的。

合弓纲早在二叠纪就风光了很久，典型代表是背上长有"风帆"的异齿龙，它是当时陆地上最强大的肉食动物。在二叠纪末的大灭绝中，合弓纲元气大伤，但其中有一支兽孔类异军突起，水龙兽便是其中最成功的一类。与前辈相比，它们的头骨结构更像哺乳类，但脊椎、四肢在运动时仍像许多爬行动物一样是左右扭动的，显得比较笨拙。

到距今2.08亿年的三叠纪晚期，又一次大灭绝席卷地球，这回水龙兽的后辈们终于没能挺住，将霸主位置拱手让给了恐龙。在它们当中，只有一些个头很小的成员幸存了下来：它们优化了自己的身体结构，演化为流着温血、身披毛发、听觉敏锐、行动灵活的新形态——真正的哺乳动物。它们在恐龙时代顽强打拼，悄悄等待着属于自己的未来。

全球大陆联合在一起的世界是什么样的?

在策略游戏《文明》里,参与者可以给世界地图选择一个"盘古大陆"模式,也就是全世界只有一块单一的大陆。盘古大陆在地质学上,是指距今约3亿~2.08亿年的三叠纪时,亚欧、北美、南美、非洲、大洋洲和南极洲等各个陆地板块联合在一起的泛大陆,跟中国神话中的"盘古"只是碰巧谐音而已。近10亿年来,盘古大陆也不是唯一的泛大陆,6.5亿年前也曾出现过一次。

盘古大陆的诞生,使大片陆地远离海洋,而陆块挤在一起产生的山脉更挡住了海上的水汽。于是盘古大陆的内陆地区,主要就是干燥少水、气候严酷的荒漠。只有赤道附近还分布着广阔的热带雨林,无数树木后来沉入地层中,变成了今天欧洲、北美的厚厚煤层。

鳞片坚硬、水分流失少又具备强悍耐力的爬行动物,对荒漠环境的适应性最为突出。直到今天,世界各地被人类视为"生命禁区"的沙漠,仍是蜥蜴、蛇类和陆龟等爬行动物的乐园。

恐龙防身术

蕨类植物曾经有多繁荣

　　提起蕨类植物，我们总会想起在潮湿阴暗的角落里，那一株株不起眼的小家伙，或者是某些热带地区的原始森林。作为最早登上陆地的一类植物，蕨类在今天已经被视为"原始""落后"的族群。然而实际上，现存的蕨类仍超过4.6万种，它们的分布范围从热带到寒带、从海滩到高山、从荒漠到森林，它们依然能够适应今天这个地球，甚至还能以自己的叶片、嫩芽和块茎为人类提供食物。

　　在现存的蕨类植物中，除了600多种桫椤科成员能长成几米高的小树，其他基本都是低矮小巧、依赖特定生态环境的种类。甚至还有相当一部分蕨类演化成了附生植物，虽保留了光合作用的能力，却只能依附在大树上生长。而在数亿年前的古生代，蕨类植物要风光得多，在很长时间里地球上所有的森林都是蕨类……

开拓陆地的先锋

泥盆纪时两栖动物的"登陆"，被视为生命演化史上的大事件。其实在这之前的晚志留世，已经有蕨类植物来到陆地上野蛮生长了，这就是裸蕨类（又称"松叶蕨类"）。这些4亿多年前的早期蕨类可能起源于绿藻，寒武纪大爆发后藻类大发展，大气中的氧含量增加到2%左右，并形成了一定规模的臭氧层，加上地壳运动增加了陆地面积，这些都给植物挺进陆地提供了条件。

离开了海洋母亲的保护，上陆的裸蕨类植物必须自力更生，为此它们演化出了维管束结构。这是蕨类植物、裸子植物和被子植物都具有的特征，它们既能支撑身体，又能向全身输送水分和养分。只是以今天的标准看来，此时这些裸蕨植物都很渺小，一般只有几厘米高。

到了距今约3.9亿年的中泥盆世，陆地上的裸蕨演化为更加复杂的蕨类植物，它们有了真正的根、茎、叶，四处生长，种类也越来越多。这些蕨类分化为石松、节蕨（木贼）、真蕨三大家族，相互竞争又齐头并进，分享广阔的陆地。在温暖湿润的气候下，蕨类继续通过原始的孢子来繁衍后代，只是增加了保护孢子的孢子囊、孢子叶球等结构。与我们熟悉的植物种子不同，孢子一般是微小的单细胞，数量大但十分脆弱，而且

恐龙防身术

49

需要在水中才能完成受精。由于这个原因，蕨类植物非常依赖潮湿的环境，就像在水中产卵的两栖动物一样。

与此同时，蕨类植物的茎中还出现了最早的木质部结构，它们的茎变得更加坚实有力，长高再也不是难事。在中、晚泥盆世，蕨类植物终于冲破了渺小身躯的桎梏，植株高度达到1米、10米、20米……地球上终于有了最早的森林，而率先登陆的裸蕨类却在泥盆纪末期灭绝了。领先一步是先驱，领先两步是先烈，果然不假！

史上最壮观的森林

从晚泥盆世到早二叠世，是蕨类植物的黄金时代，持续了大约1.6亿年之久。它们占据了当时陆地植物的所有生态位，尤其是在以形成大量煤层著称的石炭纪，既有低矮的草本、灌木，也有高大的乔木。正是当时无边无际的蕨类森林，形成了今天岩层里黑乎乎的煤炭。

石炭纪距今约3.58亿～2.98亿年，是地球生命史上大气含氧量最高的时期（超过30%）。除了海洋里的藻类，陆地上的蕨类植物也为氧含量的增加出了大力。为了争夺阳光，蕨类乔木们在竞争中越长越高，形成了壮美的风景。石炭纪的木贼类以芦木为代表，它们像竹子一样茎秆细长、节节拔高，能长到20米～30米；石松类的鳞木、封印木则长成了更加壮观的大树，树冠高达40米，粗可达2米的树干上包覆着厚重的鳞片，以减少水分散失。石炭纪中期之后才开始兴旺的真蕨类，也贡献了戟枝木、四列木等10多米高的大树。

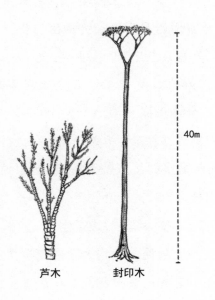

芦木　　　　封印木

论树木的绝对高度，石炭纪树木比不了100多米高的巨型杉树、也不如当今热带雨林里动辄五六十米高的龙脑香科、棕榈科和桃金娘科树木。但在森林覆盖率上，恐怕恐龙时代以来的地球所有时期都不如石炭纪时期。只可惜石炭纪既无鸟语，又无花香，更没有甘甜味美的果子可吃……除了古蜻蜓等少数会飞的昆虫，当时绝大部分动物都只能乖乖待在森林底层，或是一步一步往树上爬。

老兵不死，只是渐渐凋零

再长的盛世终有尽时，在恐龙出现之前，蕨类植物就已经衰落了。这一方面是因为裸子植物在二叠纪中期的强势崛起，另一个原因就是二叠纪末的大灭绝。

二叠纪末大灭绝，是地球生命史上空前绝后的一次灾难，据估计当时全球海洋和陆地上大约有96%的物种就此消失，绝大多数蕨类自然也未能幸免。泥盆纪、石炭纪和早二叠世那些遮天蔽日的蕨类树种，在这场大灭绝中被一窝端！在此之后，石松、木贼这两大家族就彻底一蹶不振，只剩下少数低矮的草本植物，在生态中彻底被边缘化。

只有真蕨类一枝独秀，劫后余生的真蕨类不光种类多、分布广，而且在后来的三叠纪和侏罗纪居然又出现了新的树蕨类型，桫椤就是它们中的杰出代表。在整个恐龙时代，真蕨类的繁荣程度并不比石炭纪、二叠纪时差多少，桫椤等蕨类"新秀"与苏铁、银杏、水杉、南洋杉等裸子植物共同构成了当时森林里的主要树种。只是侏罗纪的地球已是裸子植物的天下，加上之后的白垩纪气候趋于干旱、被子植物崛起，古老的蕨类再也没有重返王座的机会了。即便如此，真蕨和石松、木贼还是挺过了白垩纪末期的又一次大灭绝，直到今天依然顽强生存着。

非常问

森林如何变煤炭？

如果从煤层中挑几块煤，切成薄片用放大镜仔细观察，很可能会看到植物叶片、根茎的纤维痕迹。与一般只剩下无机物的动植物化石不同，煤炭虽然也属于化石，却依然是有机物，因为它们是大量植物遗骸一起"压"成的。我国山西一些地方的煤层厚达120米，这需要2500米厚的植物遗骸堆积！

在3亿多年前的石炭纪，温暖湿润的气候使植物茂盛生长，同时也形成了大量沼泽地。在稳定的环境下，一代又一代植物死后沉入沼泽，在缺氧环境下缓慢分解，大部分碳元素都得以保留，渐渐堆积，成为"泥炭"。后来由于地质运动，大片泥炭层被压进地下，经受地下的高温、高压，失去水分并且被压缩，同时发生一系列其他的物理和化学变化，才成为煤炭。这个过程需要漫长的时间，迄今为止，最晚的一个成煤期是2300万～200万年前的新近纪。

恐龙防身术

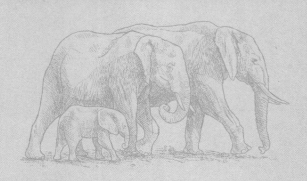

第 2 章

中生代，恐龙和小伙伴们

恐龙是热血还是冷血

我们中国人管恐龙叫"龙"，是从日语转译过来的，而英文中的dinosaur是19世纪英国生物学家理查德·欧文起的，意思是"恐怖的蜥蜴"。

在19世纪，恐龙化石首先在科学发达的欧洲被发掘和研究。由于早期的化石很不完整，研究者们也缺乏参照，因此只能根据牙齿、骨骼的结构，认为它们跟今天的蜥蜴比较像，复原后也是笨拙的大蜥蜴形象：身材臃肿，四条腿在身体两侧摊开，尾巴拖在地面……既然今天的爬行动物都是冷血的，那恐龙也是冷血的吧！后来随着化石的增多、研究的深入，古生物学家对恐龙的外表复原也越来越靠谱，但"恐龙是行动迟缓的冷血动物"这种观点，在二十世纪七八十年代的科普读物中仍很常见。

血不冷，是没法一直热

其实，"冷血动物"的说法并不准确，说"变温动物"比较合适。今天除了哺乳类和鸟类外，绝大部分爬行类、两栖类、鱼类以及无脊椎动物，都缺乏保持体温的能力，主要靠选择合适的环境来保持体温。如果外界温度太低的话，它们的血液就不能达到最合适的温度，这会使它们行动困难。河滩上的鳄鱼、家养的宠物龟都喜欢晒太阳，主要就是为了给身体加热。

在19世纪和20世纪初，人们认为恐龙生活的中生代温暖湿润，是两栖爬行动物的天堂，没几个人意识到它们需要刻意保持体温。加上当时人们普遍轻视两栖爬行动物，因此恐龙也被打上了冷血、愚蠢的标签，难以翻身。

问题是，今天爬行动物的四肢，是摊在身体两侧的，休息时肚子就贴在地上，而恐龙的四肢像哺乳动物的一样位于身体下方，要保持这样的姿势，腰部、四肢的肌肉必须非常强壮，这需要较高的代谢效率，而要保持较高的代谢效率则需要热血提供足够的能量。

改变人类认知的恐爪龙

20世纪60年代末，美国耶鲁大学教授约翰·奥斯特罗姆提出，恐龙是像鸟、兽一样的热血动物！他同时抛出了一个极有说服力的证据，就是他秘密研究了5年的恐爪龙：这种恐龙发现于美国西部的早白垩世地层，体长约3.4米，骨骼轻盈，每只后脚上有1个镰刀状的大爪子。

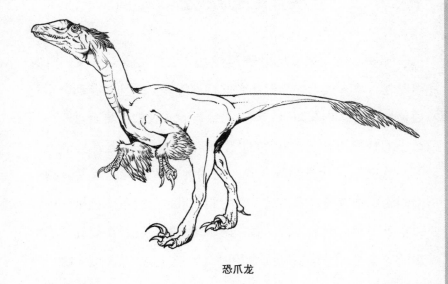

恐爪龙

奥斯特罗姆认为，恐爪龙的样子，表明它们是行动敏捷、擅长快速跑跳和打斗的动物，只有热血才能为它们提供足够的能量。此后世界各地又发现了许多类似的小型恐龙化石，还有人发现恐龙的骨骼内部像哺乳类一样有大量哈弗管，这也是高速代谢的特征。

在事实面前，越来越多的古生物学家相信，恐龙应该是行动敏捷的热血动物。这个革命性认知很快影响了全社会，更有明星范儿的"热血恐龙"让公众如痴如醉，也为众多艺术家提供了创作灵感……直到20世纪90年代，《侏罗纪公园》把这个被称为"恐龙文艺复兴"的大事件推向了高潮。

大型恐龙也没法冷血

那些二三十米长的蜥脚类恐龙，也曾被很多人认为是变温动物。毕竟庞大的身躯让它们行动缓慢，而且变温动物不需要保持体温，吃东西比较少，对蜥脚类来说似乎更合理——那么小的脑袋，喂饱那么大的肚子多麻烦啊，一定是这样的……

然而早在20世纪40年代，美国的几位研究者就注意到一个问题：蜥脚类恐龙这么大，它们如果也像鳄鱼、巨蜥一样每天早上要晒太阳来保持体温，需要多少时间呢？实验和计算给出的答案是——需要晒86个小时，才能提高1摄氏度体温！显然除了极地附近，地球上没有什么地方能提供这么长的日照。更要命的是，在身体内部达到足够温度之前，它们的皮肤估计早都被烫坏了！光是这一条，就足以把蜥脚类恐龙划入恒温动物的行列。

不冷不热，中温就好

经过《侏罗纪公园》等影视作品和科普作品的宣传，恐龙的热血形象已经深入人心，比如电影里快如闪电的伶盗龙。可是，哪怕是伶盗龙、恐爪龙这样的小型食肉恐龙，敏捷程度真能和今天的猛禽、猛兽媲美吗？

很可惜，答案可能是否定的。2014年，美国新墨西哥大学做了一项研究，发现化石显示的恐龙生长速度和代谢速度，正好介于今天的爬行动物和哺乳动物之间，既不太慢也不太快。这表明，恐龙应该是像今天的棱皮龟、大白鲨和金枪鱼一样，能让体温在外界温度太冷时不会过低，但也不会始终保持恒定的体温。以这种方式生存的动物，被研究者称为"中温动物"。

其实这种中庸，也没什么不好：这种代谢程度不太高的"中温"，使恐龙比那些变温的爬行动物动作更快，可以在演化早期逃过那些巨大的天敌；同时也使恐龙不用消耗太多的食物，从而能长到非常巨大的体形。当然在6500万年前的那颗小行星面前，一切都没用了……

非常问

恐龙的体温有多高？

2011年，美国科学家收集了分别来自坦桑尼亚和美国的11颗蜥脚类恐龙的牙齿，并分析了牙釉质中的稳定同位素——碳13和氧18的含量。在动物的牙釉质中，这两种同位素的丰度和温度相关，温度越高丰度越高。

分析结论是：成年后体长超过20米的腕龙，体温会稳定在38.2摄氏度；而一些小型圆顶龙类的体温，则可能只有35.7摄氏度——这个体温明显比今天鳄鱼的高，但不如体温普遍超过40摄氏度的鸟类。研究人员由此推测，蜥脚类恐龙的行动，应该比人们以往想象中的要快。

恐龙长羽毛，是为了变鸟吗

鸟类是恐龙的后裔，许多恐龙身上有羽毛，这对今天的读者来说已经不算什么新知识了。不过，或许还是有人会感到诧异：恐龙又不会飞，为什么要长羽毛？是不是向鸟的方向进化失败了呢？

谁跟鸟最亲

早在19世纪中期，著名博物学家托马斯·赫胥黎就发现，恐龙与鸟类的身体结构很像，并率先提出"鸟的祖先是恐龙"。由于证据不足，这个观点长期被忽视，鸟类起源也一直没定论。直到20世纪90年代之后，形态像鸟、身披羽毛的恐龙化石被大量发现，鸟类起源的争论也尘埃落定。

在找到带羽毛的恐龙之前，古生物学家其实早就发现，一些恐龙长得很像鸟：似鸟龙、伶盗龙、窃蛋龙……这些白垩纪的中小型恐龙体态轻盈、酷似鸟类，可要看骨骼构造，它们就跟鸟类区别明显了，显然已经走上了不同的演化道路。

实际上，早在鸟类出现之前很久，就有恐龙长出了羽毛。到了侏罗纪时期，一些带羽毛的小型食肉恐龙就开始"不走寻常路"，飞向天空演化成了鸟，跟其他恐龙的关系越来越疏远。至于后来的白垩纪恐龙，已经跟鸟类起源无关了。

目前已知最接近鸟类的恐龙，是侏罗纪的擅攀鸟龙类。这类恐龙只有麻雀到鸽子大小，它们和鸟类的亲缘关系，甚至比和其他恐龙还要近。不过由于原始，擅攀鸟龙类的羽毛呈丝状，不太像今天鸟类的羽毛。2015年，中国科学家还发现了属于该家族的奇翼龙，它们像蝙蝠一样长出了类似的皮膜翅膀！

龙鸟难辨

如今古生物学家已经知道，羽毛起源于恐龙身上的角质鳞片。从侏罗纪开始，先是一些恐龙身上的部分鳞片衍生出刚毛状结构，类似豪猪身上的刺；这些刚毛再进一步演化成丝状、片状的羽毛。

不管与鸟类关系是亲是疏，只要化石上有羽毛痕迹的恐龙，就被笼统称为"有羽毛恐龙"。迄今发现的有羽毛恐龙已有30多个属，包括恐龙中的两大类群——蜥臀类和鸟臀类，而这些有羽毛恐龙的亲戚也大都被认为身披羽毛。

第一种有羽毛恐龙的化石，是1996年在中国辽西出土的。由于当时认为只要长羽毛就是鸟，因此它被定名为"中华龙鸟"，经过两年争论才被确定为恐龙！后来辽西又出土了多件龙鸟难辨的化石，其中原始祖鸟、金凤鸟等都经历了类似的"鸟改龙"风波。甚至远在德国、100多年来被尊为万鸟之祖的始祖鸟，如今也被认为是种恐龙……

"鸟改龙"一再上演，并不是因为研究者更想找到稀有的鸟类化石，搞个大新闻，而是他们当年万万没想到，鸟和恐龙竟然这么像——有羽毛恐龙多是体长不足1.5米、身体轻巧的小型兽脚类恐龙，而当时的许多原始鸟类，又是口中长牙、前臂带爪、身后拖着长尾巴的一副"龙相"。

所幸随着化石的增加和研究的深入，如今判定一块化石是龙是鸟，已经不太难了。比如，鸟类的胸部和肩部结构，允许它们持续用力拍打前臂（翅膀），脚趾能前后对握，方便抓住栖木。而无论多么像鸟的有羽毛恐龙，都没有这些特征。

有飞羽却难飞天

迄今发现的有羽毛恐龙，没有一种真正会飞。

绝大部分有羽毛恐龙，身上的羽毛都是丝状的，而不是鸟类那种片状、不对称的飞羽，对飞行毫无用处。不过也有例外，比如体形小巧的小盗龙，前后肢上都有长长的飞羽，形成了两对翅膀，尾巴上也有羽毛。即便如此，小盗龙还是只能从高高的树上起跳，平展翅膀向前滑翔一段距离，而不能像鸟类一样振翅高飞。原来，问题出在小盗龙的身体结构上：后肢和尾巴太长，前肢太弱。鸟类不仅有一对又大又轻、形状合适的翅膀，而且它们的肩带、胸部骨骼坚固，有强大的肌肉群，为翅膀持续拍打提供了保障。而小盗龙等有羽毛恐龙，在这方面的"修炼"远远不够，也就不具备飞行的本事了。

小盗龙

羽毛到底有啥用

既然不能飞，恐龙长羽毛干啥呢？古生物学家一般认为，飞行能力只是羽毛出现后打开的一个"新技能树"，恐龙之所以演化出羽毛，主要是因为别的用途，很可能是求偶。显眼的羽毛就像某些蜥蜴鲜艳的头冠一样，雄性在求偶时能够以此炫耀自己、吸引异性。有些恐龙化石上的羽毛痕迹仅限于前肢，或许它们的求偶动作就是张开双臂使劲摇晃。而雌性有羽毛恐龙前肢上的羽毛，也能帮助它们孵蛋。

如果羽毛遍布全身的话，还能起到保温作用。恐龙时代的气候并不都那么温暖湿润，也有一些比较冷的地方。比如中国辽西出土了那么多有羽毛恐龙化石，不光是因为保存条件好（火山灰掩埋），也是因为白垩纪早期辽西地区的气候比较冷，恐龙可能需要更好的保温措施。

非常问

恐龙不会都有羽毛吧？

随着有羽毛恐龙化石越来越多，尤其是大型的华丽羽王龙被发现之后，一些画家已经开始把暴龙也画成毛茸茸的了！但是一些古生物学家认为，羽毛的保温作用，对于个头小、容易散失体热的小型动物更有意义，而暴龙这样的大型恐龙，或许更要发愁如何把体热散出去呢。就像今天的大象、犀牛、河马，身上就几乎没有什么毛发，而热带的羚羊和鹿却是长毛的。

说大型恐龙没毛，也是有证据的。大型恐龙化石虽然很难被完整保存，但在极少数情况下，大型恐龙会留下皮肤印痕的化石。从这种极为罕见的化石中，可以看出它们的皮肤表面长什么样。目前人们已经发现了蜥脚类、鸭嘴龙类、剑龙类和角龙类的皮肤印痕化石，化石显示它们的皮肤表面仍然是坚硬粗糙的鳞片！

蜥脚类恐龙到底有多重

　　长长的脖子，长长的尾巴，柱子般的四肢，使蜥脚类成为最"典型"的恐龙形象。如果要按身长、体重给已知的恐龙属种排个名，那么蜥脚类至少可以包揽前50位。一个多世纪以来，人们都惊讶于蜥脚类恐龙的巨大身躯，古生物学家也用尽了各种办法估测它们生前的体重。

　　迄今已知的大型蜥脚类恐龙，主要分属梁龙类、腕龙类、泰坦巨龙类三大家族，年代涵盖侏罗纪与白垩纪。这些曾经笑傲陆地的巨兽，到底有多重呢？

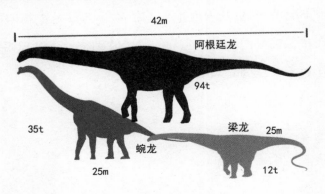

梁龙类：太细太长不够重

梁龙类是最早成名的蜥脚类恐龙，化石早在19世纪70年代就出土了，而且还有个好"户口"——梁龙、迷惑龙、雷龙等这个科的一票成员，都出土在科技先进、传媒发达的美国，出镜率极高。在晚侏罗纪的北美，它们是最主要的植食性恐龙。

以最著名的梁龙为例，它们从头到尾约有26米长，从脚底到肩顶有3.5米高，在将近一百年里都被视为身体最长的恐龙之一。然而若论体重，梁龙只有10吨左右。即便长到36米的极限体形，也不过15吨重。这是因为梁龙身体虽长，可总长度的五分之一是脖子，超过一半是尾巴，剩下的躯干部分又瘦又窄，当然就不会有多重了。迷惑龙、雷龙等其他的梁龙类成员，身躯要比梁龙粗壮些，但最重也不过20吨上下。

梁龙类的脖子不能像天鹅一样高高扬起，一般都是平直向前伸出的，吃的也是靠近地面的植物。与梁龙很相似的是侏罗纪时中国的马门溪龙，它们的脖子特别长，尾巴却相对较短，躯干也不大，因此只比梁龙略重一些。

腕龙类：结构太轻不够重

相比头尾细长的梁龙类，脖颈高耸的腕龙类似乎更有王者之风，它们同样生活在侏罗纪晚期，在北美、非洲和欧洲都有分布。其中北美腕龙体长可达25米～26米，能把头部抬到距离地面13米的位置，肩高也有6米。与梁龙不同，腕龙的长脖子平时一般是抬起的，最高能抬到与地面夹角50度的水平，这样脑袋就处在傲视群雄的9米高度，能轻松吃到高处的树叶。为了支撑长脖子，腕龙的脊椎、四肢骨骼也非常粗壮，身形明显比梁龙类厚重。

在20世纪90年代之前，除了超龙、巨超龙等只留下少量零碎化石的恐龙，腕龙被认为是最重的恐龙，估测其体重可达60吨～80吨。有人认为这么重的恐龙只能整天泡在水里，吃水生植物，然而后来的研究发现，腕龙的足部结构很像今天的大象，非常适合在坚实的地面上行走。更重要的是，腕龙的骨骼其实是中空的，肌肉和内脏之间也像鸟类一样，分布着大量气囊！于是现在对腕龙体重的估测大幅缩水，一般认为北美腕龙只有30吨～35吨重，而它们在东非的近亲长颈巨龙可能只有23吨左右。

泰坦巨龙类：身宽体胖最沉重

侏罗纪是蜥脚类的黄金时代，进入白垩纪之后怎么样了呢？环境改变了，竞争对手增加了，可是白垩纪的蜥脚类同样种属繁多，而且更为巨大！从亚洲、欧洲、北美到南美、非洲和大洋洲，一群名为泰坦巨龙类的新兴蜥脚类强势崛起。泰坦巨龙类其实是个"分类垃圾桶"，凡是种属不太确定的白垩纪蜥脚类恐龙都被塞到里面。泰坦巨龙类的名字取自希腊神话中的泰坦巨神，20多年来发现的泰坦巨龙也是一个赛一个大，光是体长超过30米的就有阿根廷龙、巨酋龙、瑞氏普尔塔龙、大夏巨龙、阿拉摩龙等不下10个属，尤以南美的泰坦巨龙类种属最多、体形最大。

目前发现的泰坦巨龙类化石大都不太完整，因此对它们体长、体重的估算也有很多版本，彼此多有出入。不过可以肯定的是，大型泰坦巨龙类的体重，要比梁龙类、腕龙类超出不少。一头全长30米的大型泰坦巨龙类成员，体重至少可以达到50吨，如果接近40米长的话，可能有100吨重！泰坦巨龙类的脖子、尾巴相对比较短，因此躯干在全长当中所占的比例就比较大，而且它们还更胖——体腔非常宽阔，肩部最宽，臀部次之。一条18米～20米长的刘家峡黄河巨龙，体腔宽度接近3米，可以装进一辆吉普车。对泰坦巨龙类来说，长胖是生存的必需——白垩纪的被子植物不那么好消化，而宽敞的体腔可以容纳体积更大的消化系统；宽阔的肩膀，也有助于它们迈开大步，及时迁徙到食物充足的地方去。

非常问

恐龙体重怎么算？

由于恐龙骨骼化石中早已充满了矿物质，根据化石重量估计恐龙体重显然不行。早期的研究者会把复原模型放进沙子，用类似阿基米德的办法测出恐龙的体积，再参考鳄鱼、蜥蜴等爬行动物的身体密度来推算其体重。

随着化石材料的丰富，以及对现生动物的体形测量的越发精确，古生物学家们还总结出了一系列公式，参考现代爬行动物、哺乳动物和鸟类的数据，以及其他恐龙的身体比例，根据不完整的化石，推算整头恐龙的各部位尺寸，并进一步算出体重。近年来，英国曼彻斯特大学的研究组还提出了一种办法，就是对复原出来的完整恐龙骨架进行激光扫描，参考现代大型哺乳动物的数据，来计算出恐龙活着时的骨骼密度，以及包裹骨架所需要肌肉、皮肤的最小体积。这样算出的恐龙体重，比以前估计的低了不少，但研究者认为这样才更科学。

食肉恐龙还能转成吃素吗

　　兽脚类是恐龙当中最耀眼的一个分支，绝大部分的肉食性恐龙——恐龙当中最聪明、最敏捷、最强悍的种类，比如我们熟悉的暴龙、棘龙、伶盗龙和伤齿龙，都属于这个家族。今天在全球飞翔的近1万种鸟类，也都是兽脚类恐龙的后裔。在整个恐龙时代，它们都牢牢占据着陆地食物链的顶端。然而，并非所有兽脚类都是无肉不欢的捕食者。2015年的一项新发现表明，在侏罗纪晚期的智利，曾经生活着一种吃素的兽脚类——智利龙。

从头到脚，不走寻常路

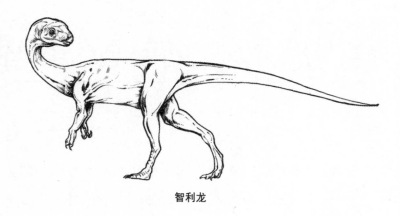

智利龙

　　智利龙的全名是"迭戈苏亚雷斯智利龙"，化石发现于智利南部的侏罗纪晚期形成的托奇组地层中，包括至少4个不同发育阶段的个体，体长约在1.2米～3.2米之间，只能算是中小型恐龙（比起邻居家30多米长的阿根廷龙，气势上差了不少呢）。至于译成中文后长达六个字的种名，则是为了致敬7岁时发现了第一具化石的迭戈·苏亚雷斯（他是一位古生物学家的儿子）。

　　智利龙身体修长，双足行走，粗看起来跟其他兽脚类没什么不同。然而比起那些脑袋又尖又窄，嘴里长满尖牙的肉食性恐龙，智利龙的头骨短而高，口中的牙齿呈钉状，排列整齐，像极了恐龙中的巨人——蜥脚类恐龙的牙齿，齿尖还有较重的磨损痕迹，这明显是以植物为食的特征。

化石还显示，智利龙身体的各个部分，仿佛是兽脚类各个分支的综合版：它们的头骨像角鼻龙类，前肢和肩带像早期坚尾龙类，骨盆像虚骨龙类……智利龙的前肢虽不算太短，却只有两个"手指"，让人联想到暴龙的"小短手"；它们的后脚又大又平，骨骼结构跟已知的所有兽脚类都不相同，倒有几分像蜥脚类。

与众不同的智利龙，让研究者们在分类上费了不少脑筋。目前的结论是，智利龙属于兽脚类中的坚尾龙类中很早就分化出去的一个类群，而其他的坚尾龙类大多属于肉食龙类（异特龙、鲨齿龙、南方巨兽龙等）、斑龙类（斑龙、棘龙等）和繁盛的虚骨龙类（包括暴龙类、恐爪龙类、似鸟龙类、镰刀龙类等知名度很高的类群）这几大家族。

侏罗纪的恐龙，精彩超乎想象

虽然"侏罗纪"的大名因为《侏罗纪公园》这部电影而广为人知，但在恐龙研究者们看来，白垩纪才是恐龙演化的巅峰时期。相比白垩纪恐龙的百花齐放，侏罗纪的恐龙种类还比较单调。

在发现智利龙之前，人们知道的侏罗纪兽脚类恐龙，要么是异特龙、蛮龙这样的彪悍杀手，要么是嗜鸟龙、秀颌龙这样行动迅猛的"小强"，它们都继承了三叠纪祖先的食性——吃肉。而中小型植食性恐龙的生态位，则由恐龙中的另一个分支——鸟脚类恐龙占据。

"非主流"的智利龙横空出世，表明侏罗纪的恐龙演化比人们过去认为的更加复杂。或许在兽脚类演化的早期，就有许多种类像大熊猫一样，把食性从吃肉转变成了吃素呢……至于智利龙身上类似蜥脚类的后足和牙齿，应该只是趋同演化的原因，它们还是如假包换的纯种兽脚类。还有，智利龙的祖先和其演化过程是什么样的？除了当时的南美洲，其他地方尤其是南半球的各个大陆，还有没有类似的植食性兽脚类存在……这些都要等待今后的研究。

捕食太辛苦，还是吃素吧

从吃肉演化成吃素的典型案例，就是前面提到的大熊猫了。其实不光是大熊猫，整个熊科家族，在演化中都从偏重肉食转向了杂食性。毕竟捕食是刀尖上舔血的生活方式，稍有差池就可能性命不保，种群数量也不能太大。它们如果改成吃素的话，食物管够，生存难度就能降下来。而反过来在食物链中升级，从植食性动物变成捕食者的例子，在脊椎动物中却非常罕见——我们人类应该是个例外。

虽然侏罗纪的植食性兽脚类很罕见，但在白垩纪的兽脚类恐龙当中，确实有不少恐龙走上了这条道路。2010年，美国芝加哥菲尔德自然史博物馆的一项研究显示，在被分析的90种兽脚类恐龙当中，有6大类、44种可能以植物为食！尤其是大腹便便、前肢长有砍刀般巨爪的镰刀龙类，以及轻盈善跑却没有牙齿的似鸟龙类，大部分应该都是以吃素为主的类型。

非常问

恐龙如何消化植物？

虽然恐龙时代有着茂盛的植被，但对身躯庞大的大型恐龙、行动迅速的小型恐龙来说，如何高效率地从植物中获得能量是个大问题。除了白垩纪的禽龙类、鸭嘴龙类和角龙类，大部分植食性恐龙，包括数十吨重的蜥脚类，都没有发达的牙齿和咬肌。它们只能把植物枝叶切断后囫囵吞下肚，而不能在嘴里就把植物嚼碎，这就给它们的消化系统增加了不少负担。许多植食性恐龙因此找来了帮手——吞下一块块石头放在胃里，胃部蠕动的时候石头们相互碾磨，把吞下的植物磨碎。在许多植食性恐龙的化石中，研究者都找到过被磨得光溜溜的胃石。

除此之外，植食性恐龙还有更可靠的伙伴，那就是消化道内的共生细菌。这些细菌会让吞下去的植物发酵，分解成容易被吸收的物质，同时产生大量的副产品——甲烷气体。在恐龙时代，地球大气内的甲烷含量比今天要高，其中一个原因就是恐龙们在"放屁"。其实今天人类饲养的牛、羊等反刍动物，也有类似的效果呢。

暴龙的小短手，
为啥这么小

如果要问哪种恐龙最厉害，或许很多对恐龙一无所知的人都能说出来，那就是暴龙。暴龙是恐龙时代末期的王者，超过12米、厚重结实的身躯，强壮的双腿，长满利齿的口腔，硕大笨重的头颅，这些都极富暴力美学。唯一不协调的地方，就是它们的前肢——小得不成比例的"小短手"！

正是这双小短手，使暴龙从恐怖大boss瞬间变身卖萌明星，如今在网络上随处可见拿小短手恶搞它们的漫画。或许正是为了弥补这份遗憾，2015年的好莱坞大片《侏罗纪世界》里，专门弄出了个混合多种恐龙基因的"暴虐霸王龙"，外表跟暴龙的最大区别就是修长强壮、长着三个手指的大胳膊了。不过，暴龙的小短手，真的是它们的缺点吗？

小短手真的小吗

与庞大的身体相比，暴龙的前肢确实很小：短到够不到自己的嘴，更谈不上"反手摸肚脐"了（虽然恐龙不是哺乳动物，没有肚脐）。而且，它的肩膀和肘部的活动范围只有40度～45度，比大多数肉食性恐龙都要小，只有2个指头的前爪，更为小短手增添了几分喜感。

其实，我们人类或许没资格笑话暴龙手短。一头12米～13米长的成年暴龙，从肩部到指尖的前肢长度也有80厘米～100厘米，比一般人的胳膊还要长。暴龙的前肢虽然短小，但从化石来看，它的前肢和手掌关节灵活，而且附着有大量肌肉，可不是干啥啥不行的摆设。有力学分析表明，暴龙的前肢力量，足以提起大约200千克重的东西，是普通人类力气的3倍以上！

小短手是怎么变小的

暴龙属于暴龙超科家族，要说它们一家都是小短手，那它们可就冤枉了。

最早的暴龙超科恐龙，出现在距今1.6亿年的侏罗纪晚期，是中国新疆出土的五彩冠龙。五彩冠龙体长约3米，身形轻巧。和大部分肉食性恐龙一样，它的前肢比后肢稍短，不过看起来并不奇怪，每只爪上也保留着3个指头。

到了1.3亿~1.2亿年前的白垩纪早期，亚洲、北美洲都出现了更多的暴龙类，从1.6米长的帝龙到9米长的华丽羽王龙不等。与前辈相比，这时的一些暴龙类前肢开始缩短，但仍有3个指头。

进入8000万~7500万年前的晚白垩世，这时候暴龙类已在北半球占据了统治地位，而它们的几位当家龙也都是典型的小短手了——体长7米~9米的艾伯塔龙、蛇发女怪龙和达斯布雷龙，除了身材没那么粗壮，简直就是缩小版的暴龙，只剩2个指头的小短手也非常明显。至于它们的终极后代——暴龙，嗯，不用说也知道。

恐龙防身术

为什么会变成小短手

作为肉食性恐龙当中的后起之秀，暴龙类虽然不是体形最大的，却几乎被公认为是最强的。以暴龙为例，它们的咬合力高达35000牛顿~57000牛顿，在有史以来的陆地动物中高居榜首，能一口咬断鸭嘴龙的腿骨。而比暴龙年代更早、体形与暴龙相当的几种大型肉食性恐龙，比如鲨齿龙、马普龙、南方巨兽龙等，其咬合力却大为逊色，只能撕裂猎物的皮肉而不擅长啃咬骨头。另外，暴龙的视觉、嗅觉和听觉，以及用来处理这些信息的大脑，在肉食性恐龙中也是一等一的。

这些跟小短手有关系吗？当然有！咬合力强大的嘴与发达的感官，都集中在暴龙的大脑袋上。长达1.3米~1.5米、厚重结实的头部，加上支撑头部的颈部肌肉群，使暴龙的前半身非常沉重。捕猎和打斗这些事情，只要血盆大口就能搞定，相比而言前肢的作用就不那么大了，缩小的前肢有利于减轻前半身重量、保持身体平衡。因此暴龙类的演化过程，就呈现出了头部越来越强悍，而前肢变小的趋势。

也就是说，小短手与其说是暴龙的弱点，不如说是它们为了更大生存优势而付出的代价。它们如果也有一双好几米长的巨大的手臂，恐怕只会行动不便，根本不会变得更强呢。

小短手还有什么用

小短手虽然变小了，但古生物学家认为，不能说暴龙的前肢是一种"退化"的结构。既然暴龙的前肢骨骼结实、肌肉发达，那对它们应该还是有用处的。

不过小短手的用处到底是什么，目前也只限于理论假说。比如有人认为小短手在暴龙交配的时候可以固定身体，还为此设想了好几种姿势；有人认为暴龙每天早上起身的时候，小短手能够帮助它们撑起身体；有人认为在捕猎的时候，小短手能像钳子一样，牢牢夹住挣扎的猎物，方便下嘴咬。毕竟暴龙的生活方式与我们人类不同，即便前肢小一些，对它们来说也没有什么关系吧！

非常问

暴龙，还是霸王龙？

关于末代恐龙王者的名字，一直有两种译法——"霸王龙"和"暴龙"。前者在大陆用得更久一些，自从20世纪90年代以来，"暴龙"的说法也多了起来。到底哪个对呢？

1905年，古生物学家把这种恐龙命名为*Tyrannosaurus rex*，其中*Tyrannosaurus*是属名，意思是"暴君蜥蜴"，*rex*是种加词，意思是"君王"。在一般情况下，人们用属名来称呼古生物，因此叫"暴龙"更准确些，这也是国内古生物学界的正式译法。如果加上种加词叫全称，那应该叫"君王暴龙"！

由于至今暴龙属下面只发现了这一个物种，因此只说"暴龙"，也不会使人混淆。而暴龙所在的家族，也就应该翻译为"暴龙类""暴龙超科"了。当然，"霸王龙"这个译名也早已深入人心，在专业论文、科普作品之外不那么严谨的地方，用一用也无不可。

植食性恐龙：
防身技术哪家强

　　捕食者与被捕食者之间的"军备竞赛"，是动物演化的重要动力，恐龙也不例外。比起长着大同小异细长身子、尖牙利齿的肉食性恐龙，植食性恐龙的模样显得更加丰富多彩，每个类群都有自己的护身法宝。

蜥脚类：尾如钢鞭腿似柱

长脖子、长尾巴的蜥脚类，是恐龙当中的巨人，体重轻则7吨～10吨，重则近百吨。庞大的体形使它们行动缓慢，但这绝不意味着蜥脚类就是任凭宰割的"移动肉库"，它们是肉食性恐龙最难对付的猎物。

除了与众不同的腕龙类，大多数的蜥脚类恐龙，都有一条与长脖子相对应的长尾巴。比如一头27米长的梁龙，脖子只占全长的五分之一，尾巴却足足占了全长的一半！长尾巴除了用于保持身体平衡，也是重要的防御武器。蜥脚类恐龙的尾巴根部附着有大量肌肉，尾尖部分是一块块细长坚硬的骨棒，犹如一条长鞭，甩动时尾尖的速度接近音速，能把靠近的食肉恐龙打得皮开肉绽。中国的蜀龙、峨眉龙等，尾巴末端是个骨质的尾锤，甩动起来没那么快，但打击力量更大。

蜥脚类柱子一样的四肢，也有御敌作用。梁龙类的后肢强壮，遇到肉食性恐龙时能用后肢、尾巴将十几吨重的身躯直立起来，以压倒性的高度优势恐吓对方。另外，它们前肢上各有一个脚趾带有利爪，或许也是自卫武器。至于那些身体更重的蜥脚类恐龙，或许它们光是用力跺脚就有足够的威慑力了……

剑龙类：骨板辅助尾刺狠

剑龙是辨识度最高的恐龙之一，它们小小的脑袋、背上两列巨大的骨板以及尾巴上的几根尖刺，一看就不会认错。在侏罗纪，它们是体形仅次于大型蜥脚类的植食性恐龙，更兼骨板和尖刺护身，应该啥都不怕了吧？

剑龙的骨板是否真的是用来防身的，其实目前科学家们还没有统一意见。有人认为这些骨板基本遮不住身体，骨板表面还分布有许多血管，容易受伤，起不到防护作用，可能是在气温过高的时候帮助散热的；但近年来的研究认为，剑龙可以在遇到危险时将骨板充血，使之呈现出强烈的警戒色。不过剑龙的主要防身"武器"，应该还是巨大的体形以及尖利的尾刺。在同时期最常见的肉食性恐龙——异特龙的化石上，古生物学家就找到过被剑龙尾刺击伤的痕迹。

甲龙类：又小又硬难下嘴

比起剑龙，后起之秀甲龙类更是把防御做到了极致。白垩纪晚期的几种甲龙，从头颈、背部到尾巴都覆盖着厚重的骨质甲和大量尖刺，简直跟装甲车差不多。一些种类的甲龙在尾巴末端还长有尾锤，在科幻作品中常有甲龙挥动尾锤、砸断暴龙腿骨的桥段。

然而真正的甲龙，远没有那么强大。目前复原结果显示，最大的晚期甲龙类也只有5.5米～6.5米长，体重2吨多，跟动辄超过五六吨重的暴龙、三角龙、鸭嘴龙等根本不是一个级别，其力量完全不能跟暴龙抗衡。而且甲龙的尾部比较僵硬，尾锤不能承受强烈的撞击，很可能只是用于求偶时的争斗，并非有效的防身武器。

甲龙类真正的防御之道，或许就是对肉食性恐龙来说极低的性价比：没有其他大型植食性恐龙那么多肉，却有重甲护身难以下嘴，抓到了也没多大意思……另外，各个时期的甲龙类化石都不多，或许它们活着时就是深居简出、难以被发现的猎物。

角龙类：尖角真的好用吗

角龙类是恐龙当中较晚崛起的一个大类，白垩纪晚期才出现在地球上，不幸在繁盛期赶上了那场6500万年前的大灭绝。它们当中最著名的就是三角龙了，它和暴龙的对决场面经常出现在媒体上。角龙类的头骨向后延伸出巨大的"颈盾"，可以保护脆弱的颈部，鼻子上方、眼睛上方和颈盾边缘还长有多根锐利的尖角，外表十分威武。

不过这些颈盾、尖角到底有多好使，恐怕要打个问号。

除了最晚期的三角龙，大部分角龙的颈盾只有边缘一圈有骨头，中间是空心的，而它们的对手——暴龙类咬合力超强，足以咬坏它们脆弱的颈盾。目前一般认为，角龙类的颈盾上可能覆盖着色彩斑斓的皮肤，用于求偶时炫耀，遇到食肉恐龙时也能吓吓对方，其实不抗咬。

被动防御不行，干脆主动些，冲上去用尖角顶翻食肉恐龙吧？古生物学家对三角龙做过模拟测试，发现它们的头骨难以承受高速运动下的撞击。三角龙更可能是待在原地与暴龙对峙，在缠斗中伺机用尖角刺中对方。或许正如今天的羚羊、野牛很少用尖角去对抗猛兽一样，角龙类遇到食肉恐龙时的反应，很可能也是直接跑路。即便在求偶争斗当中，它们的尖角可能也主要用来炫耀，很少真的以此舍命相搏。角龙类头骨化石上没有太多确凿的打斗痕迹，就是证据。

非常问

恐龙有没有防御阵形？

在科普绘画、科普影片中，常常有三角龙、剑龙或蜥脚类恐龙在遇到肉食性恐龙时，把幼龙围在中间，组成"防御阵型"的场面。不过，这样的场景几乎无法留下化石，因此只是猜测或艺术想象而已。

众所周知，植食性恐龙的脑容量与它们的身躯相比小得可怜，远不如肉食性恐龙，更不能和今天的野牛、大象等哺乳动物相比。目前只有鸭嘴龙类有喂养出壳幼龙的化石证据，而蜥脚类可以肯定是生了蛋就不管不顾、任由幼龙自生自灭的。角龙类中的尖角龙、厚鼻龙被发现过数量巨大的成群化石，里面也有小个子的未成年龙，但无法确定它们是跟父母在一起，还是自己在外面长大一点之后才加入群体的。因此植食性恐龙即便在碰到天敌时组成"防御阵型"，可能也只是像沙丁鱼群那样是无意识的，并没有首领在发号施令。

翼龙和鸟的飞行方式一样吗

今天翱翔天际的飞鸟，双翅展开最大不过3米、体重最重不过十几千克。而在鸟类称霸天空之前的白垩纪，曾经有过翼展十几米的翼龙！如此巨大的飞行生物，堪称自然演化与物理法则共同造就的奇迹。它们克服地心引力，靠的是不同于鸟儿的另一套飞行技巧。

白垩纪翼龙"三巨头"

19世纪70年代，美国"化石大战"的两位主角之一马什制造了个大新闻：他的团队发现了一种大型飞行动物——无齿翼龙的化石。无齿翼龙生活在白垩纪晚期，双翅展开足有6米～7米，远超现存的所有飞鸟。相比之下，它的侏罗纪前辈——1809年由乔治·居维叶亲自命名的翼手龙，翼展才不过

1米。

　　此后将近一个世纪，无齿翼龙都是翼龙家族的头号代言人，频频出现在各种恐龙影片和玩具中（虽然翼龙并不是恐龙，而是一种爬行动物）。直到1971年，在美国得克萨斯州的大弯国家公园里，更大的翼龙化石现身了。经过复原，这种翼龙的翼展竟达15米，超过F−15战斗机！于是研究者用阿兹特克神话中"羽蛇神"的名字，将它命名为"风神翼龙"。不过后来根据进一步研究，风神翼龙的翼展已缩水到11米左右。

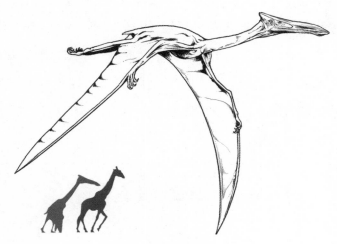

风神翼龙

　　在白垩纪最后的2000多万年里，风神翼龙并不孤单。20世纪80年代以来，人们又在约旦发现了阿氏翼龙，在罗马尼亚发现了哈特兹哥翼龙。前者与风神翼龙体形相仿，后者则略大些，翼展可达11米～12米。在地面时，它们三个昂起脖子都有约5米高，身高相当于长颈鹿，光是细长的头颈部就有2.5米～3米！在地球进化史上，没有比它们更大的飞行生物了。

要上天，必须皮包骨吗

动物学家曾有一个理论：在鸟类当中，只要是体重超过15千克的，基本就飞不起来了。最重的几种现生飞禽——疣鼻天鹅、灰颈鹭鸨和安第斯神鹫，平均体重都在15千克以内。然而哪怕是无齿翼龙，应该都远远超过15千克重，那么更庞大的"三巨头"到底有多重呢？

关于这个问题，古生物学家争了许多年。就拿被研究最多的风神翼龙来说，其体重最低估算才不到100千克，而最高估算达到544千克！以它们的个头，怕是皮包骨头都不止100千克；而544千克的体重，简直就是把一头牛吹上了天……根据近些年的研究，风神翼龙的体重一般被认为在180千克～260千克，几乎是鸵鸟的两倍，而另外两位也差不多。

按说长颈鹿的身材已经很瘦了，但平均体重仍然超过1000千克。翼龙"三巨头"跟长颈鹿身高相仿，还有翅膀，为啥才这么轻？答案就在它们的骨头里——翼龙的骨骼内部中空，有极薄的骨梁支撑，形成轻巧的蜂窝网状结构。这种结构既轻巧，又有足够的强度和韧性，可以有效减轻体重。而且与恐龙、鸟类一样，翼龙的骨骼和肌肉之间也分布着许多气囊，从而进一步降低了身体密度，还提高了呼吸效率。这些才是它们能飞上天的原因。

单指神功，有"膜"有样

复原后的翼龙翅膀，样子很像今天蝙蝠的翼膜，但其结构与蝙蝠的翼膜大不相同。蝙蝠的翼膜，有4根明显的骨架——蝙蝠前肢上的5根指头中，有4根的指骨和各自相连的掌骨都十分细长，每两根指头之间都有一片翼膜，像鸭子的蹼一样连在一起。而翼龙家族无论体形大小，都有3个指头保持小爪子形态，第5指退化，只有第4指（相当于人类的无名指）极为细长，长度足有其他指头的20倍，在它和身体之间拉起整个翅膀！

在人类手上，无名指是最笨拙、最无力的手指，翼龙却全靠这根指头飞行，只需轻轻动动指关节，就能调整飞行姿态。过去人们认为翼龙的翼膜缺少支撑，只有一层薄皮，比鸟类的羽翼脆弱得多，但后来对翼膜化石的分析表明，它的结构十分坚韧：上下各有一层角质表皮，中间是好几层排列方向不同、形成坚固网状结构的肌肉纤维，绝非不堪一击。就算万一翅膀被划破，也不至于像丝袜抽丝那样变成个大口子，愈合起来应该也比较快。

翅膀多肉，弹跳起飞

我们平时吃鸡，都知道鸡翅膀上没多少肉，鸡胸脯上的肉才厚实。其实会飞的鸟类都是这样，发达的胸肌是它们挥动翅膀的"发动机"。于是有人估算，如果人类也能像鸟一样飞，胸肌至少得有1米厚……

可是比人类重得多的巨型翼龙，并不像鸟类一样靠胸肌飞行，而是主要使用前肢的力量。据估算，一头200千克重的巨型翼龙，前肢上的肌肉群就有50千克，相当于体重的1/4！这力大无穷的双翅，在地面可以帮助其支撑身体和走路；而在起飞时，它会用前肢、后肢一同使劲撑地，像撑竿跳一样借助反作用力，把自己"推"上天空，然后张开双翅飞翔。

过去的主流观点认为，巨型翼龙无力挥动硕大的翅膀，只能利用空中的热气流进行"无动力滑翔"。但热气流并非到处都有，因此它们在以滑翔为主的同时，也保留了振翅飞翔的能力，要是气流不合适也能勉力扇几下。在风神翼龙的肱骨化石上，古生物学家找到了骨质增生的痕迹，这就是扇翅膀给累的。

非常问

巨型翼龙都吃什么？

　　凭借卓越的长途飞行能力和敏锐的视力，巨型翼龙可以像秃鹫一样，在空中观察地面，准备大吃恐龙尸体的腐肉。但它们的本事不止于此——落地之后，这些大家伙还能折叠起翅膀、迈开四肢大步行走，行动自如。而它们尖利的喙，如同中世纪骑士的骑枪一般，是强有力的武器。化石显示，巨型翼龙确实有能力在地面上捕食！尤其是在晚白垩纪时还是一片群岛的欧洲，哈特兹哥翼龙扮演了当地的顶级掠食者的角色。它们从一个岛屿飞到另一个岛屿，如同死神一般从天而降，在岛上大开杀戒，捕食那里的小型恐龙。

谁是中生代海洋之王

　　亿万年前的中生代地球上，恐龙统治着陆地，翼龙飞上了天空，而浩瀚无垠的大洋中也孕育出了各种海生爬行动物。从三叠纪到白垩纪，鱼龙、蛇颈龙、沧龙等巨型海生爬行动物漫游在大洋之中，鲨鱼与它们相比都是小不点儿。在当时的海洋生态系统中，它们各自扮演着什么样的角色呢？

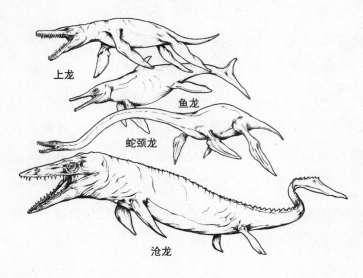

上龙

鱼龙

蛇颈龙

沧龙

鱼龙：下海最彻底，却是非主流

在海生爬行动物当中，最著名的或许是鱼龙了。祖先是陆生爬行动物的鱼龙，早在三叠纪就下了海，并且毅然决然、非常彻底，长回了鱼的形态：身躯变成纺锤形，四肢变成鳍状，脚趾变成好几排小骨头以增大鳍状肢的面积，脊背长出了背鳍，尾巴也像鱼一样分叉。不过这可不叫返祖，在生物学上被称为"趋同演化"，鱼龙为了适应海洋环境，就重新演化出了类似鱼类的样子。

鱼龙在三叠纪晚期十分繁盛，诸如中国的喜马拉雅鱼龙、欧洲和北美洲的杯椎鱼龙、北美洲的秀尼鱼龙等（当然，这些地方在2亿年前都是海洋），体长都可超过10米。尤其秀尼鱼龙体长至少有15米，它还是个体腔宽阔的大胖子，体重据推测有数十吨，已经是须鲸的级别了！

然而外表像鱼、体形巨大的鱼龙，却大多选择了不那么"主流"的生态位——以菊石、箭石、鹦鹉螺等头足类动物为食，而较少捕食其他海洋动物。哪怕巨大如鲸的秀尼鱼龙，以及长着吓人大嘴的泰曼鱼龙、杯椎鱼龙，其化石也显示它们吃的是头足类。在海洋生态环境的变迁以及与其他海生爬行动物的竞争压力下，鱼龙在侏罗纪末期已经衰落，到晚白垩世就不见踪影了。

蛇颈龙：小脑袋吃小鱼

蛇颈龙也是著名的海生爬行动物，体躯宽扁，用四只鳍状肢划水，而最醒目的就是那条长脖子。在侏罗纪和白垩纪，蛇颈龙都比较常见，其中最大的薄片龙全长14米，脖子就占了体长的一半，有多达72块颈椎！

过去的复原认为，蛇颈龙的脖子能像蛇一样灵活弯曲，甚至能像天鹅一样高高抬出水面。但由于重心问题，它们在海中是没法扬起头颈的，颈椎结构也使它们的脖颈只能在有限角度内活动，并不是特别灵活。古生物学家推测，蛇颈龙长脖子的作用，可能是隐藏它们巨大的身体，用不那么醒目的长脖子、小脑袋伸进鱼群当中偷袭。

从头骨来看，蛇颈龙能吞食的食物并不大，群居的小鱼确实应该是它们的菜。侏罗纪的一些蛇颈龙化石，时常有头颈、鳍状肢被咬断的情况，这表明当时还有比它们更强大的海洋掠食者。

上龙：虽然"缩水"，依然霸气

1999年的BBC科普片《与恐龙同行》，介绍了一种极为惊人的海洋巨兽：长25米、重150吨的滑齿龙！滑齿龙属于蛇颈龙的另一个分支：上龙类。上龙类又称"短颈型蛇颈龙"，它们脖子短，却长着个鳄鱼一般的大脑袋。

《与恐龙同行》中的滑齿龙，被称为"可与蓝鲸媲美的史上最大食肉动物"。然而片子一出就炸了锅，古生物学者们纷纷表示，滑齿龙不可能长这么大……原来，BBC的复原是依据一块疑似的滑齿龙颈椎化石，但后来证明这块颈椎属于蜥脚类恐龙。而根据其他化石推测的滑齿龙体长，只有可怜的6.4米！2011年，BBC另一部科普片《恐龙星球》又介绍了一种尚未命名、长达15米的上龙类——"掠食者X"。目前它已被正式定名为"冯氏上龙"，体长也缩到了11.7米。

与蛇颈龙以及今天的海龟一样，上龙类游泳主要依靠两对鳍状肢，如果体形太大的话四肢负担会非常重。哪怕是从目前估测的体形来看，上龙类应该也不是擅长快速游动的类型，主要依靠伏击、偷袭进行捕猎。即便没有前些年吹得那么神，在侏罗纪的海洋中，也尚未发现比上龙类更强的海洋掠食者，它们不愧是当时的海洋之王。

沧龙：后起之秀 生不逢时

再来看最后登场的沧龙。在好莱坞大片《侏罗纪世界》里，沧龙扮演了一把终极boss，为海生爬行动物大大扬名了一番。但实际上，沧龙跟鱼龙、蛇颈龙和上龙并不是一家子，它们是蜥蜴的近亲！

真正的沧龙，个头没有电影里那么大，约有10米～15米长。它们的身躯呈深桶状，体表鳞片光滑而细密，有利于减少阻力，而不像电影里的沧龙那样披着鳄鱼般的鳞甲。沧龙的鳍状肢主要用于控制方向，推进主要靠有力的长尾巴左右摆动。这种游泳方式，比用鳍状肢划水的蛇颈龙、上龙效率更高。

沧龙是沧龙类中最大的一种。直到7000多万年前的晚白垩世，沧龙类才出现，此时其他海生爬行动物已经衰落，沧龙类便快速演化出大大小小的种属，抢占了从近岸到远洋的多处生态位。大型沧龙类不仅有庞大而行动迅捷的身躯，口中还有数十颗利齿，双颌能像蛇一样张开很大角度，把猎物整个儿吞下，堪称中生代最强大的海洋杀戮机器。当时不论是蛇颈龙、巨海龟、鲨鱼，还是各种大型鱼类和乌贼，碰上沧龙总是甘拜下风。

遗憾的是，正当沧龙类如日中天之时，一颗小行星在6500万年前撞上了地球。撞击造成的烟尘遮挡了阳光，导致全球海洋生态系统崩溃，食物链顶端的沧龙也随之饥困而亡。如果再让它们多活500万年，不知还会演化出什么超级海怪呢……

非常问

海生爬行动物如何繁殖后代？

今天作为海生爬行动物代表的海龟，会爬到沙滩上产卵。然而在中生代的海生爬行动物中，鱼龙、沧龙的身体结构显然无法使其在陆地上活动，即便是蛇颈龙，数吨重的身体也会让它们在岸上举步维艰。

其实，已有化石证据表明，这些海生爬行动物繁衍后代，靠的是卵胎生！蛋在雌性的体内孵化，直接"生"出幼体来。过去人们认为它们可能会像今天的鲸类一样，寻找安全的浅滩繁衍后代，不过较新研究表明，至少沧龙可能是直接在深海繁殖的。

本内苏铁能在南海岛礁幸存吗

2015年，网上流传开一个消息，说是中国海警船在南海某岛礁巡逻时，发现一株科学界认为早已灭绝的远古植物本内苏铁，由于它是仅剩一株的珍宝，国家海洋局、交通部和海事局已经计划将岛礁设为自然保护区……

然而只要稍微搜索一下新闻，就会发现无论国内国外，都没有任何正规新闻媒体报道过此事。再说，我国建立自然保护区，也不归上面说的那几个部门管……不需要植物学知识就可以判定，这是段子手的杰作。

不过段子手编这个事情，为什么会拿本内苏铁说事呢？

苏铁：铁树开花并不难

或许你会对"本内苏铁"这个名字感到耳熟，这是因为在园艺界，就有一类名叫"苏铁"的观赏植物。盆栽的苏铁常常还不及人高，种在地里的也不过长到8米，长长的羽毛状叶子聚集在树顶，有点像椰子树。

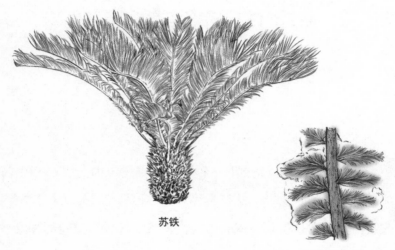

苏铁

本内苏铁化石

但这些低调的家伙，可是和银杏一样的古老裸子植物，不严谨地说就是活化石。最早的苏铁出现在2亿多年前的古生代晚期，在随后的中生代，也就是恐龙时代成为常见植物，如今却只剩下300多种，散布在全球的热带、亚热带地区。

苏铁更为人熟知的是其俗称——铁树，成语"铁树开花"说的就是它们。其实苏铁作为裸子植物，是不会开出真正的花朵的，它们的"花"大名唤作"孢子叶球"，没有花蕊、花冠（花瓣）和花萼的结构。而且由于苏铁是雌雄异株，所以雌花和雄花的样子差别也很大。人们认为铁树开花难，只是因为原产热带的苏铁，在温带栽种时由于温度、营养不够，生长缓慢繁殖较难而已。在广东、海南或者东南亚地区的气候下，它们几乎年年开花，一点也不稀罕。

本内苏铁是开花植物的祖先吗

至于本内苏铁，是指苏铁类植物中已经灭绝的一个目，又称"拟苏铁目"。化石显示，它们生存的时间，正好跟恐龙一样——出现在2.5亿年前的三叠纪早期，灭绝于6500万年前的白垩纪晚期。和现存的苏铁一样，本内苏铁也有羽毛状的叶子，部分种类能长成高大的树木。

古生物学家曾经认为，本内苏铁有可能是被子植物，也就是开花植物的祖先，因为它们的孢子叶球含有聚合的小孢子囊，结构跟被子植物，尤其是现存被子植物中最原始的木兰科的花有些像。这种观点认为，被子植物的两性花，就是从本内苏铁的两性孢子叶球演化而来的。不过目前来看，被子植物的祖先更可能是种子蕨，而跟本内苏铁没多大关系。即便如此，本内苏铁化石对研究恐龙时代的气候、生态，依然有重要的价值。

到了白垩纪时期，被子植物渐渐占据了地球植物的主流，挤占了"前辈"裸子植物的生存空间。白垩纪末的那场灾难，带走了地球上75%～80%的物种，本内苏铁也不复存在。

恐龙防身术

如果真在南海岛礁上发现了本内苏铁，那绝对是轰动科学界的大新闻。

在南海岛屿上发现活化石，理论上可能吗

在生物学研究史上，被认为在某个地质时代灭绝、没再发现更晚年代的化石，后来却在世界某个角落里找到活体的动植物，并不是没有先例的，比如印度洋深海中的矛尾鱼、中国西南山区的珙桐（鸽子树）等。本内苏铁会不会也有这等幸运呢？

问题在于，最晚的本内苏铁化石是在白垩纪，而南海诸岛都是恐龙灭绝之后的新生代时期才形成的珊瑚岛、沙洲和火山岛，不可能保存下自己出现之前就灭绝的远古物种。更何况南海诸岛大都位于深水的大陆坡、海盆之上，离大陆最近的东沙群岛海域也有300米深，中沙群岛、南沙群岛附近海域更是深达上千米。即便在新生代全球海平面最低的末次冰期，南海诸岛也没和大陆相连，没有陆桥让植物一路生长过去。

从海上漂如何？很可惜，种子被海水泡过还能发芽，是只有少数植物（比如椰子）才具备的能力，需要果皮来保护种子。本内苏铁是裸子植物，种子外面没有果皮，自然没这本事。另外，它们的种子也不是靠风力传播的，自然也无法飞去。

看来即便在理论上，在某个南海岛屿上发现本内苏铁这
类植物的活化石，也不可能。

非常问

裸子植物都是针叶树吗？

今天一提裸子植物，或许很多人只会想到叶片尖细
如针的松树、杉木、柏树，知道银杏、苏铁是裸子植物
的时候还会大吃一惊。如果不仔细观察的话，银杏和苏
铁这样叶片宽阔的植物，跟今天大多数的被子植物看上
去没什么区别。然而在植物学上，裸子植物不管叶片宽
窄，都算针叶树！

原来，"针"与"阔"并不是指叶片的形状，而是
指叶脉的结构。裸子植物的叶脉是垂直线状，而被子植
物的叶脉是相互交织的网状。并且"针叶树"与"阔叶
树"的称呼，分别对应木本的裸子植物和被子植物，在
学术表述上也比较方便。

为什么白垩纪
有昆虫大爆发

清新优雅的花朵，其实是植物传宗接代用的性器官；它们的绚丽多彩，原本也不是为了给身为灵长类的我们欣赏，而是为了吸引昆虫前来拜访，帮助它们传播花粉。在恐龙一族鼎盛期的侏罗纪、白垩纪，植物与昆虫互利互诈，上演了一场生态系统的革命。

昆虫爆发，得益于花

今天的地球上，仅仅是被人类知晓并命名的昆虫就有近100万种，会开花的被子植物则有约25万种，它们在动物和植物两大家族中各占据了绝对优势。蝴蝶（鳞翅目）、蜜蜂（膜翅目）、甲虫（鞘翅目）等我们熟悉的昆虫，有许多种类都是以花粉、花蜜为生的。这两大进化赢家，早在1亿多年前就有了千丝万缕的缘分。

　　3.5亿年前的泥盆纪，昆虫就出现在了地球上，与蝎子、蜘蛛等节肢动物一同担任动物登陆的先锋。然而在之后很长时间里，昆虫的种类与今天的相比都非常单调，主要是蜻蜓、蟑螂等比较原始的类群。直到侏罗纪晚期，昆虫才出现了演化大爆发，我们熟悉的甲虫、蝇、虻等类群迅速分化，成为当时昆虫界的主力。这次大爆发，是与被子植物的崛起分不开的。

　　被子植物在侏罗纪晚期的突然出现，曾经被达尔文称为"讨厌之谜"，就连今天的学界对它们的起源也有不少争议。但无可置疑的是，在当时的森林里，会开花的植物远远不止一两种。以今天的标准来看，这些最早的花并不漂亮，也缺乏甜美的花蜜，却已经在利用昆虫为自己传粉了。给昆虫的酬劳，则是被它们吃掉的那部分花粉。

以虫为媒，稳赚不赔

就像自然演化中的众多物种一样，它们在演化中一旦选择了某个方向，就根本停不下来了。从此之后，大部分被子植物都把传宗接代的任务外包给了昆虫，而为了吸引这些给自己跑腿的家伙，被子植物可谓煞费苦心。

由花瓣组成的花冠，是一朵花最重要的颜值担当。它们除了能保护花蕊，还可以大大扩展花朵的体积，形成强烈的视觉信号，以吸引昆虫。花朵的颜色，也是为昆虫的视觉量身打造的：黄色、蓝紫色适合蜂类的眼睛分辨，红色易于被蝶类发现，而为近乎色盲的甲虫准备的花朵，则是白色的或淡黄色的。我们人类今天能看到各种色彩绚烂的花，还真得感谢蜜蜂和蝴蝶的"审美"。

白垩纪的被子植物，还给花朵升级出了散发香味、提供花蜜的技能。香味包含各种信息素，是吸引昆虫的信号，而花蜜则是给昆虫的丰厚酬劳。所谓"重赏之下必有勇夫"，今天最为专业的传粉昆虫——鳞翅目的蝴蝶、蛾子，膜翅目的各种蜂类，也在白垩纪伴随着花朵的升级，而大摇大摆地强势登场。著名的共生组合——榕树和榕小蜂，就是在白垩纪晚期出现的。榕树的花被肉质花序托包裹，里面除雄花、雌花外，还有为榕小蜂产卵准备的瘿花。榕小蜂从细小的孔洞中钻入，一边寻找瘿花一边为榕树完成了授粉，在瘿花中产下卵之后它也无力钻出去了。榕小蜂死在花里之后，它的幼虫会利用瘿花提供的食粮茁壮成长，直到化蛹、羽化，然后飞出去开始新的生命循环。

在自然选择的力量下，不同形态的花朵吸引着不同的昆虫，不断刺激着植物和昆虫两边的种类分化。在物种繁多的热带雨林，甚至会有一种植物只对应一种传粉昆虫的情况，一荣俱荣，一亡俱亡。我们常说"风媒花"与"虫媒花"，不过在今天的被子植物中，通过虫媒传粉的种类足足占了80%以上，而在剩下的那部分"风媒主义者"当中，相当一部分种类的祖先原本也是靠昆虫传粉，后来因为指望不上昆虫在高山、苔原等极端环境里演化，才变成今天这样的！有生命的昆虫，看来远比到处吹的风更可靠。

防虫之心不可无

对昆虫来说，传播花粉只是不情愿的助人为乐而已，它们并没有什么长远目标，尽可能地从植物身上榨取食物才是它们的理想。因此植物在竭尽全力招引昆虫的同时，也极力提防它们贪得无厌、损人不利己，或者只要回报却不办事。

传粉的昆虫很多，但很少有把花蕊也一起吃掉的。这是因为花蕊，尤其是雌蕊具有很可能就是为防御昆虫而演化出来的结构——坚实的厚皮包住胚珠，以避免昆虫的吞食，使胚珠能安静地发育成种子。昆虫疯狂追求的蜜腺，也往往位于花朵深处，使昆虫不得不钻入其中，而通道的直径刚好适合它们钻进去，以兰科为代表的许多植物的花朵还有"下压"或类似的结构，挤压昆虫的身体。这样一来，昆虫获取花蜜的来回途中，也就不得不沾上一身花粉，再去拜访其他花朵时就能完成传粉了。

至于完全依赖一种传粉昆虫的植物，也暗藏着小九九：对植物来说，这是把鸡蛋都放在一个篮子里，回报则是这种昆虫也必须依赖这种植物才能生存、繁衍，不会"花心"去拜访别的花朵，影响给自己传粉的效率。在马达加斯加岛上，有一种大彗星风兰的花蜜隐藏在深达20厘米的花距中，而为它传粉的长喙天蛾，也有长达25厘米的口器！还有一些植物的花蜜具有毒性，或者味道难闻，只有少数跟它们协同演化的昆虫才有口福消受。

昆虫能给裸子植物传粉吗?

　　松树、杉木、银杏等裸子植物，有种子却没有花朵，通常是依靠风力传播花粉。然而2009年在中国宁城的一项发现表明，早在被子植物尚未出现的1.65亿年前，昆虫与裸子植物就有了合作。做出这项壮举的，是一类名为"蝎蛉"的昆虫。

　　蝎蛉所属的长翅目，在今天种类稀少，侏罗纪时却是常见昆虫，吃荤吃素的种类都有。在宁城发现的3类蝎蛉的化石表明，它们具有细长的管状口器，能从裸子植物上吸食花粉，顺便帮植物完成传粉。

第3章

新生代，
冷冷的地球

马脚为什么只有一个蹄子

在火车和汽车出现前，马是人类最重要的交通工具，无数人都赞美过骏马的矫健身姿。然而低头看看它们的蹄子，就不那么漂亮了——马的蹄子不分瓣，每只蹄子上仅有一个脚趾，就是它们的中趾，其余各趾皆退化。几百千克的身躯，却只靠中趾来支撑，想想也挺怪异的……

在一些科普读物中，"马的进化"经常作为进化论的经典案例：矮小的原始马在漫长的岁月中越长越高大，脚趾头越来越少，终于变成了我们熟悉的高头大马。其实，马和它祖先们的故事，远比那张进化图复杂得多。

资格最老的食草动物

在今天的食草动物中，无论是偶蹄类的牛、羊、鹿、猪，还是与马同属奇蹄类的犀牛，如果以分类上的"科"一级为标准，家谱最多只能追溯到2000万～3000万年前，唯独马和驴所在的马科，足有5000多万年的悠久历史！

生活在5000多万年前的始祖马、原古马等多种早期马类的身体结构都差不多，很难判断谁才是真正的马类老祖宗。当时全球气候温暖湿润，森林覆盖率很高，原始马类就生活在森林里。它们的个头跟羊羔差不多，长着四条小短腿，整天在密林底层钻来钻去，吃着靠近地面的嫩叶和野果。

大约从4000万年前开始，地球进入了一个总体变干、变冷的漫长过程，直到今天。顽强的草本植物随之异军突起，大片的草原取代了森林，舞台变了。

蹄子越少，跑得越快

草原与森林最明显的区别，就是缺乏隐蔽处，动物需要很强的奔跑能力才能躲避猛兽、进行长途迁徙。而原始马类一般是前肢4趾、后肢3趾，趾尖只有很小的硬趾甲，脚跟还有肉垫，并不适合快跑。

我们跑步时，会把力气集中在脚的一点，用力蹬地，利用地面的反作用力把身体往前推。进入草原的原始马类，也借助了这个诀窍——专门用中趾抓地，这样不光增大了压强，还减小了与地面的摩擦。在生存竞争中，中趾发达的马跑得更快，遗传一代代累积下来，马类的中趾就越来越强壮，两边的趾头则渐渐变小，到现代马身上干脆看不见了。与此同时，马的硬趾甲也包裹了整个中趾，成为坚实的蹄子。

然而把体重都集中在一点，四肢末端都承受着很大压力，万一扭伤怎么办？作为配套，马类前肢的尺骨和桡骨、后肢的胫骨和腓骨，以及四脚的掌骨都各自愈合在了一起，仿佛几段粗大的钢筋，虽牺牲了灵活性但更加坚固了。这样即便身躯在演化中变得越发高大、沉重，它们也依然行动矫健，而且因为身高腿长跑得更快了。

吃货需要大长脸

草原生活还有另一个挑战：草叶富含硅质，粗糙坚硬，吃起来远比树叶费牙。为对付这种麻烦食材，马类的牙齿也变得愈加坚实，牙齿间隙还填满了白垩质以防止松动。长长的马脸，对吃草也大有裨益：头部拉长了，可以容纳更大更多的牙齿，而且低头就能吃到草，不用太费劲；因为脸长，嘴里嚼着草的时候，眼睛还位于草尖之上，便于观察周围的风吹草动。

马类演化的主干进程，是从4000万年前的中新马、2000万年前的草原古马、600万年前的上新马，直到400万年前出现的现代马类——真马。有趣的是，这一系列演化过程，都发生在今天已经没有本土野生马的北美洲，亚欧非三大洲的马类，都是从北美洲一波波扩散出去的。

不用非走独木桥

　　种类繁多的史前马类，并没有都走这一条演化独木桥。比如2000多万年前的安琪马，四肢纤细，牙齿比较"保守"，只适合吃柔软植物；1500万年前的三趾马，体形比现代马稍小，牙口却比现代马还要好，但四肢比较"保守"——每只脚的中趾两侧，还有2个不着地的侧趾。

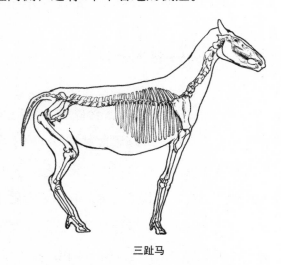

三趾马

　　实际上，生物演化并不像考试那样有标准答案，而是"三百六十行，行行出状元"，不同分支走上了不同的演化道路，占领不同的生态位，并无优劣之分。安琪马的牙齿弱小，是因为它们留在森林里生活，不需要啃硬草；三趾马中趾两侧的侧趾，则有助于它们在崎岖不平的山地、沙地上保持平衡。这些"非主流"的马类，曾经长期和"主流"们共同生活，使马类成为当时最繁荣的食草动物。

然而到了约600万～450万年前，地球气温进一步下降，森林面积继续萎缩，许多热带草原也变成了贫瘠的温带草原甚至荒漠。在剧变中，许多马科动物纷纷灭绝，具备反刍能力的牛、羊、鹿等偶蹄类却一举上位，从此把马类挤成了少数派。若不是欧洲野马和非洲野驴被人类驯化成了家马、家驴，今天的马科动物，或许早就日薄西山喽。

非常问

为什么没有人骑斑马？

实际上，还真有人驯养过斑马。19世纪末，出身于罗斯柴尔德家族的动物学家沃尔特·罗斯柴尔德，曾经用斑马为他拉车；在少数马戏团里，也有人骑斑马的表演项目。不过这些只能算是"驯服"了极少数的斑马个体，跟驯老虎、驯狮子没什么区别，真正意义上能服从人类指挥的斑马品种，还不存在。

至于非洲人几千年来没能驯化斑马，并不是他们的问题，而是斑马的问题：与家马的祖先欧洲野马相比，非洲3种斑马的脾气更加暴躁，动不动就发怒或受惊，还特别喜欢咬人（哪怕在动物园里，几乎每年都有饲养员被斑马咬伤的事故），实在驯不动。现代虽然有更完善的驯兽技术，但如今汽车遍地跑，连家马都纷纷下岗，驯化斑马也没什么意义了。

大象为什么会有长鼻子

大象的标志——象鼻

哪怕动物学知识再匮乏的人，见到大象的形象也会一眼认出来。大象身上最显眼的标志，就是那条长长的鼻子了。严格来说，象鼻不完全是大象的鼻子，而是鼻子与上唇长在了一起，由4万块肌肉组成。

除了喘气、闻味儿这两项基本功能，象鼻还发挥着"手"的作用，不论是吃东西、喝水、联络感情，乃至大象之间的打架斗殴，都离不开它。大象既能用象鼻举起两三百千克的重物，也能用它从地上捡起一枚硬币，甚至能在人类指导下用鼻子卷起画笔作画。把力量和灵活性都发挥到如此极致，堪称生命演化的奇迹了。

当然，和其他神奇的动物器官一样，象鼻子的演化也经历了一个漫长过程。古生物学家根据大象头骨化石上的鼻骨形态、肌肉痕迹，大致可以推测出各种古象生前鼻子的形状和长度。

原始大象，鼻子不长

经过200多年的研究，全世界的象类化石已经被挖出不少了，象类的演化过程也已基本清楚。已知最早的象类化石发现于摩洛哥，这种象类是生活在6000万年前的原始象，只有兔子大小。之后象类在非洲这片土地上继续演化，到了距今4000万年的始新世晚期，出现了体大如猪的始祖象。始祖象过去被视为象类的老祖宗，但其实它们已经是一种偏向水栖的种类了，不大可能演化成现代大象。"始祖"一词也是中文翻译时加的，它的拉丁学名意思是"莫里斯兽"，得名自化石的发现地莫里斯湖。

始乳齿象

跟象族演化关系更大的，可能是比始祖象年代稍晚的两个大家伙——肩高超过2米的始乳齿象和古乳齿象。它们已经基本具备了"象样"：庞大的身躯，柱子般的四肢，上门齿变成突出嘴外的长牙，鼻子也开始拉长了，只不过它们的鼻子长度还不能跟现代大象比。除了鼻子拉长，它们的下颌和下门齿也向前伸出，就像一个长长的簸箕，以便取食植物。

下巴突出，曾是时尚

在始乳齿象、古乳齿象之后大约2000万年间，象类的足迹从非洲扩展到亚洲、欧洲、北美洲，象类变着花样演化，却基本都有长长的下巴，使长鼻子不那么显眼。这一时期的主流象类——嵌齿象便是典型，它们的下颌、下门齿又长又尖，像门闩一样"嵌"在上颌的两根长牙之间。嵌齿象是栖息在森林中的象类，每天进食的时候，它们就用长长的下巴与长鼻子相互配合，把树枝、树叶拉扯进嘴里。而更极端的当属我国出土的铲齿象，它们的下颌、下门齿又长又宽，几乎成了一把斜向下的巨大"铲子"……

人类如果生活在那时的话，对大象的印象或许就是突出的长下巴，而不一定是长鼻子。不过，从距今600万～500万年的中新世、上新世交替期开始，大象们却纷纷开始转换画风：长长的下颌开始缩短，而鼻子却变得越来越长，成了醒目的"第五只手"。这其中不光有现代大象的祖先，当时还幸存的嵌齿象、轭齿象、四棱齿象等一干象族几乎无一不是如此。

长鼻子为何胜出

鼻子变长不奇怪，可是早期象类的下巴越来越长，为何后来又走了一条回头路？这是因为动物在演化中身体结构也会因为自然选择而得到优化。比如马类需要在草原上疾驰，于是演化出了四条大长腿，相应的是脖子拉长、脸拉长，低头吃草就比较方便。而早期象类从猪的大小演化到犀牛的大小，身体结构的变化则是下颌加长，加上上下4根门齿和鼻子来共同扩大取食范围，获取地面的灌木、草叶或高处的树枝树叶。

可是随着象类的体形进一步增大，下颌如果继续加长的话，就会显得十分笨重，喝水也很麻烦。而且下颌是僵硬的骨质结构，活动不灵活，比较容易受伤。从中新世末期开始，全球气候越发多变，供象类栖身的温暖森林越来越少，它们需要适应干旱的草原或草原与森林交替的生活。在严峻的生存压力之下，不那么方便的长下巴就被淘汰了，而由长鼻子完全取代了它的功能。

非常问

象鼻吸水，不影响呼吸吗？

　　大象吸一鼻子水放进嘴里喝，吸一鼻子沙子洒在背上清洁，都是我们熟悉的场景。不过有时候，人们也难免为大象担心：鼻子是用来喘气的，吸水吸沙子的时候大象会不会呛到呢？这时它们是怎么呼吸的呢？

　　和我们人类一样，大象的气管和食道有一部分也是相通的，只不过在鼻腔的后面、食道的上方，有一块软骨可以起到"盖子"的作用。当大象用鼻子吸水时，水便进入鼻腔，同时喉咙部位的肌肉随之收缩，促使食道上方的软骨暂时将气管口堵上，不会发生一不小心吸得太猛、把水吸进肺里的情况；吸沙子的时候与此同理。这时候，大象确实是不能用鼻子呼吸的，不过因为时间很短所以无所谓。一头成年亚洲象猛吸一次，可以吸8.5升水。另外，大象以鼻腔为"杯子"喝水，还有个小问题：每次喝水的时候，难免会把鼻涕一起喝下去……

恐龙防身术

河马：猪的亲戚
还是鲸的亲戚

　　提起河马，读者想必都很熟悉了。河马是动物园里的大明星，也是今天非洲最有代表性的大型动物之一。一张大长脸让古希腊人称它们为"河中之马"，而圆滚滚的身躯、粗短的四肢和分瓣的蹄子，又总让人把它们和猪联系在一起。

在分类学里，河马确实曾经与猪一同被分在"偶蹄目、猪形亚目"里面。除了外表上的相似，还因为它们的胃都不能反刍，牙齿也比羊、牛、鹿等其他偶蹄类"原始"。然而近些年来，人们发现河马并不是猪的亲戚，而是鲸的亲戚！

DNA 验明真兄弟

早在20世纪80年代，动物学家在对比各类哺乳动物的血液蛋白质时，就发现河马与鲸类的血液蛋白质比较接近。随着分子生物学的发展，DNA检测越来越多地用于动物分类，并得出了一个令人吃惊的结果：河马与鲸类的DNA相似程度，比它们与其他偶蹄类动物（包括猪在内）的DNA相似程度都要高！也就是说，如果画"进化树"的话，鲸与河马的共同祖先，很早就跟其他偶蹄类"分叉"了。

目前古生物学界的主流观点认为，河马与鲸类的共同祖先生活在6000万～5000万年前，后来一支游向大海成为鲸类，而另一支则演化成了样子像大猪、名叫"石炭兽类"的动物。其中一些石炭兽类演化成了河马，将其他亲戚排挤灭绝，成为今天与鲸类关系最亲的动物。既然演化路径是这样，那么传统的"偶蹄目"与"鲸目"分类也不得不大改了，现在这两家已经合并成了一个鲸偶蹄目，鲸类算是偶蹄类下面的一个分支。

恐龙防身术

131

鲸：从吃草到吃肉

比起河马的家谱更改，鲸的"改换门庭"更让人吃惊。传统分类认为，鲸类的祖先是外表像狼或熊，但长有蹄的肉食或杂食动物中兽类。已发现的那些最早期的鲸类化石显示，这些鲸类也是长有四肢、外表如同水獭与鳄鱼混合体的肉食动物。而今天的鲸类，不论是吃鱼吃海豹的齿鲸，还是吞小虾的须鲸，也同样都是肉食动物。要不是在那些早期鲸类化石的踝关节上，发现了偶蹄类标志性的"双滑车"距骨结构，怎么也想象不到它们会跟这个草食家族扯上关系……

按照演化"不可逆"的一般规律，肉食动物变草食动物，尚且有些可能，典型例子就是大熊猫。而一个动物家族如果本来是食草者，要想再出个肉食者就基本没戏了。鲸类从陆地回到海里已经够逆天了，从草食回到肉食岂不更逆天？其实，偶蹄类的早期祖先，也未必就是吃素的。

目前已知最原始的偶蹄类，是5500万年前的古偶蹄兽。它们体形小巧，只比兔子大一点，既有适合快跑的四肢，又有未完全变成只适于吃植物的牙齿，应该是荤素都吃的杂食性。今天的鼷鹿和小羚羊，也会时常吃些昆虫、腐尸什么的来填饱肚子。大约比这一时期稍晚的时候，一些原始偶蹄类动物走出森林，来到海边，发现这里居然有丰富的食物，竞争又没那么激烈。于是，它们渐渐走上了"下海"的不归路，而取之不尽的海洋动物又让它们无须吃素……以生物演化的标准看，这些鲸类祖先演化得相当迅速，仅仅过了不到1000万年就长成了类似现代鲸鱼的体形，把自己和后代的前途都交给大海了。

河马：徘徊于水陆之间

相比于搏浪大洋的鲸，河马的演化就缓慢得多，就连要不要待在淡水里它们都犹犹豫豫。最早有据可查的原始河马，大约1600万年前出现在非洲。这之后的河马类的化石逐渐增多，并分化为两大类型：偏向水栖的普通河马，以及偏向陆地生活的六齿河马。

顾名思义，大多数六齿河马的上、下颌各有6颗门齿，这是比较原始的形态（普通河马类的上、下颌各有4颗门齿）。它们的体形比现代河马小，脑袋、身躯和四肢都显得"苗条"，虽能游泳，但更擅长在陆地上活动。今天西非雨林中的倭河马，就可能与六齿河马有比较近的亲缘关系，它们对水的依赖性就比普通河马弱。

水栖的普通河马类，则朝大型化方向发展，出现了体长4.3米以上，体重4吨～7吨的惧河马和古河马！这两种史前巨型河马，甚至比现代河马更适合水栖生活，比如眼窝的位置更高，双颌能张开更大的角度。

然而到1万多年前的冰河时代（更新世冰期的俗称）末期，既不那么依赖水栖，又不太上陆的现代河马取得了胜利，占据了非洲东部、南部的大片地区。淡水环境毕竟远不如海洋那么稳定，尤其是在气候变动剧烈的冰河时代，非洲除了西非雨林气候比较稳定，大部分地区总是时而干旱，时而潮湿，极端气候频发，还是水陆两栖的生存策略更有效。如果淡水中的河马选择像鲸一样完全水栖，估计早就在干涸的水塘里死翘翘了。

非常问

河马为什么会伤人？

　　河马平时总是一副人畜无害的呆相，但在非洲，每年伤人最多的大型哺乳动物就是河马。据统计，平均每年有20多人死于河马之口，河马的"犯案次数"超过狮子、豹子、大象和犀牛的总和！2013年，就有一位中国游客在肯尼亚夜晚出门遇到上岸的小河马，正想拍照时，被一旁护崽心切的母河马攻击身亡。

河马整天泡在水里，它们是怎么伤人的呢？其实白天只是河马的避暑时间而已，太阳落山后，河马就会纷纷上岸吃草，此时才是它们的正餐时间。由于不在"主场"，夜晚陆地上的河马警惕心比白天在水中时更强，对人类也更有危险性。或许有人想，惹不起躲得起，碰见河马冲过来就赶紧跑吧。对不起，河马虽不是马，可照样比人跑得快，跑个百米冲刺仅需9秒出头，胜过博尔特。如果哪天到非洲野外旅游，千万要记住：珍爱生命，远离河马……

为啥北极熊和企鹅
天各一方

　　"为什么企鹅只在南极，北极熊只在北极？"许多孩子或许会问这个问题。如果地质学和古生物学知识比较丰富，你或许会回答——因为板块运动的关系，熊进化出来的时候南极已经与世隔绝了，所以熊出不来；而在南极进化的企鹅，也没法一路游到北极。所以这两位虽然都生活在寒冷的极地，却南北相隔，永不能碰面。

　　以上可以说是正确答案，但为什么企鹅会成为南极的居民呢？如果历史上南极真的有熊，企鹅还会是今天这个样子吗？

伴随南极 不离不弃

　　在传统的鸟类分类里，企鹅被视为一类原始的鸟，自成一个楔翼总目，也称"企鹅总目"；而在依据DNA的分类中，企鹅和白鹳、鹈鹕、信天翁等众多鸟类同属于鹳形目，血统没那么特殊了。但不管分类学家怎么分，企鹅家族确实历史悠久，而且是地地道道的南半球之子。

　　目前已知最早的企鹅化石发现于新西兰，距今约6200万～6000万年，也就是恐龙灭绝后不久。当时新西兰已经是独立岛屿，但南极洲与澳大利亚还连在一起。从化石来看，这个阶段的企鹅已经选择了进化方向——强化游泳能力，而放弃了飞行能力。极好的水性帮助它们在南半球的各个大陆、岛屿之间游动，但跨越大洋的迁徙还是太难了，于是不同地区的企鹅渐渐有了差别，分成了不同的种类。

　　之后不久，南极洲与澳大利亚分道扬镳，一点点向南移动，逐渐变成了一个寒冷世界，到约3400万年前已被冰冠覆盖。原本生活在南极大陆上的动植物纷纷灭绝，企鹅成为极少数幸存者之一。在冰天雪地的考验下，企鹅的御寒能力越发强大，身体结构也更加适合游泳，甚至进化出了庞大的体形。比如3700万年前的卡氏古冠企鹅，站立起来可达2米高，体重115千克，几乎是现存最大企鹅——帝企鹅的两倍！但由于后来海流、气候的变化，如此巨大的企鹅适应力不足，所以没有再出现过。

　　今天全世界的企鹅共有18种，其中真正在南极大陆过冬的只有帝企鹅1种，另外还有11种会在南极圈以内栖息。其余6种分布在南美洲、非洲和大洋洲的温带海域，其中加岛环企鹅甚至在寒流的庇佑下，扎根在了赤道附近的加拉帕戈斯群岛！但企鹅为适应寒冷已经付出太多，在大部分的热带海域都难以生存，也就没法游到地球另一端的北极去了。

水下"火箭"，岸上呆萌

　　为抵御南极地区的低温，企鹅长出了浓密的羽毛、厚实的脂肪，而这些都需要摄入足够的热量。所有企鹅都是高效的捕食者，它们放弃飞行能力，换来的是鸟类中首屈一指的游泳能力。看过企鹅水下泳姿的话，你一定会对它们刮目相看——岂止是水下飞，简直是风驰电掣的水下火箭！企鹅游泳主要靠一双短翅膀划水，长蹼的双脚主要起船舵的作用，用于调整方向。与许多在水下抓鱼的水鸟一样，企鹅也有出色的水下视力，上颚、舌头还长着许多倒刺，能像牙齿一样把抓到的鱼牢牢卡住。

然而一上岸，企鹅就变成了我们熟悉的那副呆萌形态，走起路来慢吞吞、一摇一晃的。毕竟在南极洲，成年企鹅的天敌主要是海里的虎鲸、海豹、海狗，企鹅在水中灵活就行了。海豹和海狗虽然能上岸，但在岸上的行动能力还不如企鹅呢。如果南极真有熊这样给力的陆地捕食者，企鹅或许也不会如此不顾一切地专攻游泳。

"企鹅"本是北极鸟

在北极地区，类似企鹅一样全身"黑白装"、身材胖嘟嘟并擅长潜水的鸟类也不少，比如海雀科的各种海雀、海鹦和海鸦。但它们跟企鹅的亲戚关系较远，而且都保留着祖先的技能——飞翔。原因很简单，在北极不光有北极熊，还有狼、北极狐、貂熊等多种食肉动物，不会飞的鸟实在没法活。这些"迷你伪企鹅"的翅膀都很短小，但由于体重只有几百克，所以还能飞。

其实在100多年前，北极地区还真有过一种类似企鹅的鸟，这就是1844年灭绝的大海雀。顾名思义，大海雀也是海雀科的成员，只是它们能长到85厘米长、5千克重，比今天的一些小型企鹅还大。根据当年水手们的描述，大海雀的体形像企鹅一样肥硕，翅膀又小又弱，只能在攀登岩壁时略微扇几下，飞不起来；但只要一下到水中，它们游起来就十分灵活。大自然趋同进化的力量，在大海雀和企鹅身上又一次被验证了。

　　大海雀曾广泛分布于北大西洋地区。可惜由于过度捕猎，还没等科学家上岛去研究大海雀，它们就在19世纪40年代被人类赶尽杀绝了。实际上，"企鹅"这个名字，原本就是欧洲人对大海雀的称呼，十八、十九世纪之交他们去南半球探险时发现了企鹅，还以为它们是大海雀的亲戚呢。

非常问

南半球没有熊吗？

　　熊起源于北美洲，今天世界上的各种熊，也主要分布在亚欧大陆和北美洲，而南半球的非洲南部、澳大利亚，都是没有熊的。但南半球的另一个大洲——南美洲，还分布着一种眼镜熊。这种熊的双眼周围有眼镜状的斑纹，生活在安第斯山脉的云雾森林里，主要以水果、根茎和小型动物为食。

　　眼镜熊体重约60千克～130千克，比亚洲黑熊和大熊猫个头略小，性情也比较温顺。然而它们的史前亲戚，却是史上最大、最凶猛的熊——体重可达1.7吨的南美细齿巨熊。大约300万年前，巴拿马地峡隆起把南北美洲连在了一起，熊类和剑齿虎、犬类、马类、象类等北美洲的哺乳动物纷纷南侵，很快占据了优势地位。由于当时南美洲的食草动物普遍行动迟缓，南美细齿巨熊占据了食物链的顶端，称雄一时。但后来随着猎物们的"优胜劣汰"，剩下的食草动物越来越敏捷难捉，南美细齿巨熊及其近亲们只好以吃素为主，体形也逐渐减小。到冰河时代末期，就只有深山中的小个子眼镜熊残存了。

史上最厉害的鸟是什么

翔翔天际的鹰隼，诠释着"猛禽"二字代表的迅捷与高傲。而在史前新生代的南美洲，还有一类比鸵鸟还要巨大的猛禽，它们虽不能飞翔，却颇有中生代食肉恐龙的神韵，它们的巨喙曾经是哺乳动物们的噩梦。它们就是史上最强食肉鸟——窃鹤。

鸟中王者

由于板块运动，从白垩纪到冰河时代之前的几千万年间，南美洲曾经长期是一块孤立的大陆。在这漫长的时光里，南美洲的动物近乎与世隔绝，演化出了诸如食蚁兽、树懒和犰狳等独特种类。当时这里没有虎豹熊狼，扮演陆地掠食者的，是有袋类哺乳动物；但真正占据食物链顶端的，却是身为鸟类的窃鹤家族，它们名为"窃"，却是不折不扣的超级强盗。

泰坦鸟

　　以最著名的一种窃鹤——泰坦鸟为例，它大约和今天的鸵鸟一样高，抬起头来可达2.5米，体重估测超过150千克。但泰坦鸟的头颅远远大过鸵鸟的小脑袋，巨大厚重的喙末端带钩，凶相十足。相比之下，泰坦鸟的翅膀非常短小，根本飞不起来，所幸它还有一双修长强健的腿，能以每小时60多千米的速度奔跑。把这些特征加在一起，它简直就是一头被羽毛、没尾巴的小型暴龙！

繁盛大家族

　　窃鹤类名字里的"鹤"字，是因为它们在分类上接近当

恐龙防身术

今南美洲一类名为"叫鹤"的鸟，而叫鹤类曾被认为跟鹤类是一家。不过近年研究表明，叫鹤类与窃鹤类应该自成一个叫鹤目，跟丹顶鹤、白鹤等鹤类只是长得有点像而已，亲缘关系不算近。

在南美大陆，窃鹤家族堪称一棵"常青树"，几乎延续了6000万年之久。最早的窃鹤只有家鸡大小，但在漫长的时间里，它们演化出了模样繁多、体形各异的种类，大部分都是吃肉的。有些小型窃鹤只有半米多高，像雉鸡一样出没在灌丛中，不过类似泰坦鸟这样的大型食肉巨鸟，历史上也曾多次出现。其中生活在1000多万年前的一种雷鸣鸟，从头到脚近3米高，体重估测可达400千克。2007年，古生物学家又在阿根廷发现了一种卡林肯窃鹤。它们生活在1500万年前，头骨长达71厘米，是有史以来拥有最大脑袋的鸟类！

一喙击八方

在当今全球近1万种鸟类中，没有哪种能跟窃鹤的习性对应，因此古生物学家对它们的捕食方式一直充满好奇。其实窃鹤家族的演化方向，还真跟暴龙有几分相似——依靠硕大的头颅作为主要攻击武器，用强壮的双腿驱动身体，而翅膀（前肢）就成了相对无用的累赘，逐渐退化。

窃鹤拥有鸟类的敏锐视力，奔跑速度、耐力也几乎跟鸵鸟一样出色，但泰坦鸟、雷鸣鸟等大型窃鹤个子太高，可能要借助茂密的树丛隐蔽埋伏，否则大老远就被猎物发现了。等猎物靠近时，它们才猛地冲上去，将全身力量集中在喙末端，厉如闪电地啄击猎物的头颈部，啄断颈椎、敲裂头骨，使其迅速毙命——想想看，一只大公鸡或大白鹅的啄击力就很强悍了，而大型窃鹤的力量可是它们的上百倍！

不过，为避免高大的身体失去平衡，窃鹤可能很少抬起脚爪攻击，爪子主要用来撕扯猎物尸体。而今天的鹰隼类猛禽，大都以脚爪为攻击武器，一张弯钩嘴基本只负责吃，刚好跟窃鹤相反。

败北"龙虎斗"

大约1500万年前，地球又开始了一轮"造山运动"，南北美洲之间的海底地层快速抬升，到300多万年前终于形成了一条陆桥——也就是今天巴拿马、哥斯达黎加等中美国家的位置。这条陆桥将南北美洲连在了一起，两个大陆的动物可以互相迁徙了。

这对古老的窃鹤家族来说，可不是好事，远道而来的北美动物，很快把南美动物打得落花流水。跨过陆桥"南征"的马类、骆驼类、鹿类等，取代了南美本地的食草动物；窃鹤们不仅必须对付这些体形更大、更擅长奔跑的新猎物，还要面对剑齿虎、美洲豹、狼等北美食肉猛兽的强力挑战。内忧外患之下，窃鹤王朝风雨飘摇，在南美大陆数千万年的统治走到了尽头。然而有一部分窃鹤居然成功"逆袭"进入北美大陆，演化出了泰坦鸟这个末世豪杰。

遗憾的是，凶悍的泰坦鸟生不逢时，毕生都在猛兽们带来的竞争压力下苦苦支撑。随着地球进入冰河时代，气候愈发干旱，开阔的草原取代了茂密的丛林，这让身材高大的它们无处藏身，抓不到猎物，沦落到主要靠食腐为生。泰坦鸟的巢穴在草原上更是无处隐蔽，卵和雏鸟难以存活……大约200万年前，继承食肉恐龙衣钵的窃鹤家族，终于无奈地从地球上退场。"猛禽"的荣耀，从此就由空中的鹰隼鹫鹗专享了。

非常问

南美动物为什么输了？

300多万年前巴拿马陆桥形成后，南美洲的大多数有袋类、所有的南方有蹄类等本土的哺乳动物，在入侵物种的压力下都很快灭绝了。以进化论观点来看，南美哺乳动物的运动能力、大脑容量和环境适应能力，确实不如习性类似的北美动物，输得理所应当。

然而，这未必是这些类群本身的问题（比如一般认为有袋类哺乳动物就是"原始""落后"的）。在新生代的数千万年里，北美洲的气候、环境变化远比南美洲来得剧烈，而且还多次通过陆桥与亚欧大陆进行物种交流，大大加快了北美动物的演化速度。而南美洲长期是个相对稳定的孤岛，动物们缺乏演化的动力，于是也就不进则退了。

剑齿虎怎么用长牙

似乎没有哪一类鸟兽能像猫科动物这样，使人类如此产生复杂的情感。今天我们沉醉于喵星人的各种萌，欣赏狮虎豹的勇猛威武；然而它们身上又总笼罩着一层神秘光环，甚至一只小猫都能在黑夜中让人不寒而栗。毕竟，我们统治地球不过上万年，还不足以从潜意识中忘记我们远祖数百万年来的头号天敌。

在如此漫长的时间里，狮虎豹的祖先曾和我们的远祖一同生存进化，不过当时它们的光芒却被另一类大猫所掩盖，那就是拥有锐利犬牙的剑齿虎类。它们并非"加强版"的狮子或老虎，更不是现代猫科猛兽的祖先，而属于一条已经消失的进化道路。

长剑短刀两相宜

与今天的食肉动物相比，剑齿虎的长牙显得夸张怪异，甚至有些奇幻感，但4000多万年来，共有4类食肉兽曾将自己的上犬齿演化成了这种壮观的武器。我们常说的"剑齿虎"，仅指猫科中的剑齿虎亚科。

已发现的剑齿可分为两类不同形态，也就是"匕首牙"和"弯刀牙"（注意，这里的"匕首"可比"弯刀"要长）两大门派，在猫科剑齿虎中最为明显。

最典型的"匕首牙"剑齿虎是冰河时代美洲的刃齿虎，它们是整个剑齿家族中化石最多、人们研究最细、影视出镜率也最高的。刃齿虎的上犬齿可达20厘米长，弯曲侧扁，边缘锋利，如同两把长刀。而"弯刀牙"类型的代表如剑齿虎、锯齿虎等，剑齿普遍短一些粗一些，通常只有10多厘米，边缘有明显锯齿，好似牛排餐刀。

关于剑齿的功能，历史上曾有过五花八门的解释，夸张的"匕首牙"尤其让研究者伤脑筋。有人认为剑齿就是当匕首用的，剑齿虎可以闭着嘴，用突出嘴外的剑齿刺穿猎物的厚皮；有人认为剑齿可以划破大型动物柔软的腹部，造成猎物巨大的流血伤口；有人则认为它们只能划开腐烂的尸体。还有一些更加荒诞不经的假想，诸如剑齿可以帮助剑齿虎爬树，用来吸血，甚至使剑齿虎如海象一样在水底掘食。今天看来，可真有点"思路广，欢乐多"……

连抓带咬，不如推倒来一刀

目前的主流看法认为，剑齿主要是对付大型动物的武器，使剑齿虎可以捕杀野牛、犀类甚至大象等巨兽。问题是，再大的剑齿虎也是从小个子祖先进化来的。研究者认为，它们演化出剑齿，可能并不是挑战大型猎物的结果，而是因为一开始就选择了另一种猎杀策略。

今天的猫科动物，拥有哺乳类中最专业的杀戮技巧。捕猎大型食草动物时，它们一般持续咬住其气管或口鼻，让猎物窒息而死。这是一种危险的捕猎方式，比如狮子猎杀非洲水牛不仅要靠群殴，还要施展"锁喉杀"，这还得花好几分钟，这期间很容易受伤或者让水牛挣脱跑掉。

那么威风凛凛的刃齿虎呢？它们的血盆大口虽能张开到

90度以上，超过今天所有的猫科动物，咬合力却只有狮子的三分之一！然而它们颈部、肩部、前肢和前脚爪的骨骼异常粗壮厚重，说明它们活着时是肌肉发达的力量型猎手。把老虎、狮子跟刃齿虎摆在一起，就好比男模碰上了重量级拳王。

研究者推断，刃齿虎等"匕首牙"剑齿虎的猎杀方式，可能是靠埋伏和突袭，在靠近猎物时猛然扑出，先用强壮的前肢和利爪推倒猎物，奋力将其压在身下，到猎物动弹不得后才动用剑齿——不是直接咬，而是颈部发力，精确瞄准猎物喉部，以剑齿的锋利边缘划开其动脉和气管，快速放血，使猎物断气。比起今天的猫科猛兽，这种"稳准狠"的方式消耗能量更少，也更快速安全。不过，在已发现的刃齿虎化石中，仍有不少剑齿折断、下颌碎裂、前肢骨折的情况，看来捕猎大型食草动物确实充满风险。

吞噬大象的锯齿

发达的剑齿与强壮的前肢，到底是谁为了配合谁而演化出来的呢？这恐怕是个类似"先有鸡还是先有蛋"的问题，"重拳"与"利刃"共同成就了剑齿虎，两者缺一不可。

按照身体比例，在史前和现生的多种猫科动物以及其他剑齿掠食者中，上犬齿越长的物种，前肢就越粗壮；而"弯刀牙"类型的剑齿虎，体形相对轻盈一些（只是相对，它们的强壮程度仍然不比狮、虎差）。拿锯齿虎来说，它们口中像牛排餐刀一样的剑齿，虽不及修长的"匕首牙"拉风，但更结实耐用，配上咬合力强劲的双颌与发达的门牙，能扯裂犀牛、象等大型动物的厚皮，造成大量流血的伤口。

在美国得克萨斯州的法尔森汉洞穴中，人们发现了超过30具锯齿虎和300余具哥伦比亚猛犸象的骸骨，这些猛犸象的骸骨大多属于2岁左右的幼象。这个年龄正是幼象调皮贪玩、开始离开母亲严密保护的时期，便于锯齿虎下手。

"专业杀手"难逃环境剧变

在2000多万年的时间里，剑齿虎类的化石都要多于其他猫科猛兽，可谓霸业辉煌；甚至直到350万年前最早的狮子、花豹和猎豹出现在非洲，这些后辈很长时间内仍不得不与它们分享同一块猎场。

实际上，正是由于史前大型猛兽的种类比现在多，竞争更激烈，剑齿的快速猎杀能力是一项重要的生存优势，所以剑齿虎类成为自然选择的宠儿。但这同时也成了一条死胡同：剑齿带来的生存优势，让剑齿虎类的体形越进化越大，需要更多的食物，这就使它们偏爱捕食肉多、回报高的大型食草动物，却难以捉住行动敏捷的中小型食草动物。

在稳定的生态环境下，剑齿虎类可以凭"一招鲜"傲视群雄，但当环境变化时，大型食草动物往往灭绝得更快，因此它们也要跟着遭殃了。最近200万年，地球在"冰河模式"与"温暖模式"之间频繁切换，再加上演化出了加入捕食者竞争的有智慧的人类，剑齿虎类越来越招架不住。大约在1万年前，这些曾经的天之骄子终于化为尘土。

非常问

刃齿虎为何灭绝？

在1万多年前的冰河时代末期，刃齿虎是北美洲、南美洲数量最多的大型食肉动物。随后进入美洲的史前人类，虽然捕猎技巧超群，但要杀光数量众多的刃齿虎也不可能；而直到欧洲殖民者到来前，美国大平原上还有多达6000万头美洲野牛，难道还不够刃齿虎吃的？

原来，一望无际的大平原和壮观的野牛群，是刃齿虎无福消受的。它们沉重的身躯并不适合在开阔草原上隐蔽、奔袭，而主要适合林地和灌木丛这种便于埋伏、猎物奔跑空间也不大的环境。随着1.2万年前最后一次冰期结束，气候的变化让整个美洲的植被分布发生了重大变化，大型动物迅速减少、灭绝或迁徙他处，刃齿虎也失去了生存条件。

《冰川时代》里的希德是什么动物

在美国系列动画电影《冰川时代》中，除了猛犸象曼尼、剑齿虎迪亚戈，另一位主角就是笨手笨脚、滑稽可爱的希德。由于翻译原因，有人说希德是树懒，有人说它是大地懒，其实都不对。希德的个头明显比树懒大，属于能在地上走路的地懒，但它在地懒家族中又算是个头小的。由于《冰川时代》的故事发生在天寒地冻的地区，希德的原型，应该是巨爪地懒——唯一能在北极圈内生活的地懒类。

冰河时代的明星

巨爪地懒早在1000多万年前就出现在北美洲。在1000万年的时间里，它们"以不变应万变"，外表一直变化不大。巨爪地懒体长2.5米～3米，体重约有360千克～1000千克，大致跟今天的北美灰熊或北极熊相当，主要以各种树叶为食。

　　与整天倒挂在树上的树懒不同，巨爪地懒的四肢强壮有力，适合行走。它们甚至能用强壮的后足、尾巴支撑身体，以直立姿态取食高处的树木枝叶。它们前后足上的巨爪，比灰熊、北极熊的爪子还要大。尤其是前爪，既是重要的取食工具，也能用来自卫。由于灭绝时间不太久，人们在山洞中发现过干枯的地懒遗骸，从而知道它们和树懒一样，披着乱蓬蓬的厚皮毛。

　　冰河时代的美国阿拉斯加、加拿大育空地区，不像今天这样覆盖着茂密的森林，而是一片干燥寒冷的草原。作为一类原本喜欢温暖森林生活的动物，巨爪地懒能在此扎根，很不简单。实际上，单是在美国境内，就有至少150个地点发现过它们的化石，分布范围跨越多种生态环境，充分说明了它们的适应力之强。

总统的爪子

巨爪地懒的模式种是杰氏巨爪地懒，它的名字来自一位历史名人——美国第三任总统托马斯·杰斐逊。他不仅是美国开国元勋之一，也是一位热爱田园生活、对大自然充满好奇的博物学家。

1796年，杰斐逊首次参加总统竞选，惜败于对手当了副总统。第二年，有人在西弗吉尼亚州的山洞里发现了一些化石，寄到了杰斐逊的办公桌上。他看到其中有几个超过15厘米长的巨爪，遂将其命名为*Megalonyx*（意为"巨大的爪子"），并以此发表了美国第一篇古脊椎动物学论文，但他在论文中认为，这动物是一种史前狮子！

杰斐逊急着发文章，其实是出于爱国：18世纪末，以法国生物学巨匠布丰为首的一批欧洲精英，认为美洲新大陆是"劣等土地"，不适宜人类生活，就连动物都比欧洲的小；生于斯长于斯的杰斐逊当然不服，先是请人制作了一个巨型驼鹿标本，准备运到巴黎给布丰看，还想拿化石证明美洲的史前动物更给力。当时古生物学刚刚起步，没多少经验可借鉴，杰斐逊这种业余学者出错也是难免的了。后来另一位美国学者参考了居维叶的研究，终于确认这种"巨爪狮子"其实为一种地懒。

地懒与树懒

现存的6种树懒分为二趾树懒、三趾树懒两类，其中三趾树懒早在3000多万年前就走上了独立演化道路，是家族中的"非主流"；动物园里能见到的二趾树懒，则跟体重是其上百倍的巨爪地懒同属巨爪地懒科；研究表明，今天的二趾树懒，祖先原本是生活在地面的小型地懒，后来才上了树。

不过巨爪地懒的体形，比起它们的两位大表哥——大地懒和荒漠地懒，就不算什么了。这两位也生活在冰河时代，不过分布范围主要集中在温暖地区。大地懒和荒漠地懒体长5米～6米，体重3吨～5吨，几乎跟亚洲象差不多大！

灭绝为何

在1万年前冰河时代结束的时候，巨爪地懒迅速从地球上消失了。除了气候变化造成的栖息地丧失，来自人类的猎杀，也被认为是它们灭绝的一个重要原因。

在美国俄亥俄州的几件巨爪地懒化石上，研究人员就发现了史前人类用石器留下的刮痕；内华达州的一个山洞里，研究人员还发掘出了和化石一起出土的矛尖。而在加勒比群岛上的那些地懒，灭绝时间则跨越了数千年，这很难用气候原因解释，却往往与人类到达这些岛屿的时间接近。今天，它们只剩下倒挂在树上的树懒亲戚，慵懒而淡定地面对这个人类统治的世界。

非常问

地懒如何在北方过冬？

地懒存活至今的近亲——树懒，在动物园里不太好养，因为它们身体新陈代谢太慢，维持体温的能力弱，气温冷一点或热一点就受不了。这在热带雨林里问题不大，但作为它们的近亲，地懒要在昼夜温差、四季温差明显的温带甚至寒带生活，能受得了吗？

答案出现在美国科罗拉多大峡谷和南美巴塔哥尼亚高原的一些山洞里。人们在这些山洞里找到了干燥的地懒粪堆，厚度可达几米！粪堆旁也有不少地懒化石，说明它们可能一代代住在里面，以此作为过夜、过冬的温暖场所。至于当时的地懒洞穴味道如何，可以自行想象。

冰河时代为啥巨兽这么多

除了遥远的恐龙时代，著名古生物最集中的时期，或许就是离我们并不遥远的冰河时代了。猛犸象、披毛犀、剑齿虎、大地懒……如果从地球历史的尺度来看，它们简直是昨天才灭绝的动物。跟今天相比的话，说是"巨兽时代"也不过分。听起来挺贫瘠的冰河时代，为啥能养活这么多大型动物，难道是因为大胖子抗冻吗？

温度越冷，个头越大吗

在动物学界，有一条著名的"伯格曼法则"：同一类的热血动物，生活在高纬度地区的物种或亚种，总是比生活在低纬度地区的近亲们个头更大。不论是虎、熊、狼等食肉动物，还是鹿类等食草动物，大都如此。一方面，同一物种在同等温度下，体积越大，散热越慢，更大的体形也能支撑更厚实的脂肪、毛发；另一方面，寒冷的气候可以延缓动物的生长速度，拉长它们的成长期，使动物有足够的时间长得更大。

不过，伯格曼法则并非放之四海而皆准。比如在豹这个物种当中，分布最靠北的亚种——东北亚的远东豹，体形只能算中等，最大的亚种是分布于伊朗、土库曼斯坦等中纬度国家的波斯豹。10万年前活跃在北方大地的真猛犸象、披毛犀，其体形也不如当时热带地区的大象、犀牛。这是因为，决定动物体形的除了气候、温度，还有食物来源、竞争压力等多种因素。

小草革命 不畏干冷

从距今250万年的上新世晚期，到1.2万年前才结束的更新世，整个地球进入冰河时代，此时气候严酷多变。然而这一时期，却没有造成生物的大灭绝，不得不说是生命的奇迹。其实，数千万年来的气候、环境变化，已经让动植物磨炼出了卓越的生存能力。

新生代的植物，以会开花的被子植物为主，今天许多树木的近亲在白垩纪末期就已出现，而新生代被子植物的翘楚，当推不起眼的草类。草本植物虽不如大树那样高大、长寿，但它们不需要坚硬的木质部，成长需要的水分和营养较少，更适应干旱、贫瘠和寒冷的环境。在晚中新世、上新世时期，随着全球气候逐渐变得干冷，草类在许多地区占据了优势，形成了一种全新的生态环境——草原。

伴随着草原的形成，适应草原生活的大型哺乳动物也愈挫愈强。由于草叶中有较多的矿物质——坚硬的硅质体，马类、牛类、象类等食草动物为了咀嚼这种难啃的食物，牙齿的研磨面变得更宽更平，上面出现了多道齿脊和厚厚的白垩质；为了在开阔的草原上迁徙和躲避捕食者，擅长奔跑的种类越来越多。而以它们为主要猎物的食肉猛兽，也在演化中一步步变得更快、更灵活。到冰河时代开始时，今天绝大部分哺乳动物的较近祖先、同属物种，甚至和今天完全相同的种类，都已经出现。

冰河时代巨兽群

冰河时代动物群的一个重要特点，就是体重超过45千克的大型动物种类、数量要远远多于今天，它们在西方古生物学界被称为"冰河时代巨兽群"。直到1万多年前，这些巨兽中的大多数，还曾和我们的祖先一起生活。

从左到右：非洲象、猛犸象、披毛犀、刃齿虎

在晚更新世的欧洲和北亚草原上，大群大群的真猛犸象如同一座座小山，安详地用鼻子卷草吃；在它们身边，是披毛犀、原牛、草原野牛、各种野马和大角鹿；比今天同类更壮硕的洞狮、洞熊、洞鬣狗等猛兽，则搜寻着可能的受害者。在美洲中西部的平原上，哥伦比亚猛犸象和古风野牛是最醒目的景观，还有马类、驼类、叉角羚、奇形怪状的地懒和雕齿兽，短面熊、美洲拟狮、剑齿虎潜伏在灌丛和岩石之中。

就连今天几乎没有大型动物的澳大利亚，在冰河时代也曾有过2吨多重的双门齿兽、如同地懒般怪异的袋貘、体长3米的巨型短面袋鼠，以及袋狮、古巨蜥等壮观的动物。此外，这一时期还有马达加斯加岛上的象鸟和巨狐猴、新西兰的恐鸟和哈斯特鹰。这些动物都组成了一个我们今天难以想象的奇异世界。

巨兽为何集体退场

实际上，我们人类文明出现的时间，正是一个巨兽凋零的时代。在距今4万~1万年的短短时间里，大型动物以令人吃惊的速度纷纷灭绝，而体重10千克以下的小型动物基本都平安无事。

对于冰河时代巨兽的灭绝，长期以来学界认为主要有三大原因：人类猎杀、气候变化和传染病。近5万年来，我们这个物种——智人从非洲先后进入亚欧大陆、澳大利亚、美洲大陆和各大岛屿，他们具备高超的智慧、猎杀技巧，可能还把传染病带到了新的土地上，因此被认为是导致巨兽消失的元凶。

不过更多的证据表明，最近一次冰期开始和结束时的环境变化，确实给数量少、繁殖慢的大型动物带来了重大生存挑战，人类只是个不巧出现的搅局者，加剧了它们的灭绝。而在环境比较稳定的岛屿上，恐怕只有人类有能力造成灭绝事件了。

非常问

冰期与间冰期是怎么回事？

晚上新世、更新世虽被称为"冰河时代"，但这期间并不是一直冰川当道，而是气候干冷的冰期和温暖湿润的间冰期交替出现。尤其是在中、晚更新世，每次冰期平均持续7万多年，每次间冰期平均持续2万多年，间冰期气候与今天相当或更温暖一些，而到了漫长的冰期，冰川就卷土重来了。

这种交替的背后动因，主要是地球公转轨道的改变。地球围绕太阳的公转轨道时而接近圆周，时而接近椭圆，与太阳的距离也时近时远；同时地轴的倾斜角度也在21.8度到24.5度之间浮动。当公转轨道呈椭圆形、地轴倾斜角度也较小时，地球吸收的太阳辐射就比较强，此时地球进入温暖的间冰期；而当太阳辐射较弱时，地球也就进入了下一个冰期，全球平均气温会比今天低8摄氏度~12摄氏度。

猛犸象是怎么灭绝的

每年冰雪消融的时节，生活在西伯利亚的人们时常会发现，地面零星露出一些怪异的长牙、头骨，甚至连皮带毛的庞大身躯。几个世纪以来，他们都认为这是来自地下深处的巨型怪物，并以此创造了种种可怕的传说。

直到19世纪，才有古生物学家确认它们是一种已经灭绝的象类，英文称为Mammoth（猛犸象）。这个词可能是来自爱沙尼亚语的"土地"和"鼹鼠"两词：人们把露出地面的猛犸象遗骸，当成了大地鼠的。在今天的西伯利亚冻土中，依然埋藏着数以万计的猛犸象遗骸，它们未完全化石化的象牙被人开采，用作工艺原料，以代替数量锐减的非洲象牙。

猛犸象的遗骸之所以保存得这么好，除了当地的严寒气候，也因为它们灭绝时间并不长，直到1万多年前才从亚欧大陆上消失。曾经是冰河时代骄子的猛犸象，为什么会灭绝了呢？难道今天西伯利亚的气候让它们还嫌热不成？

防寒版的大象

　　虽然总是让人联想到寒冷，但猛犸象的祖先，却来自赤道附近的非洲。200多万年前，随着全球气候变冷变干，猛犸象也迅速兴起，占据了亚欧大陆、北美洲的广阔地区。我们现在熟悉的猛犸象，其实是20万年前才出现的真猛犸象，俗称"长毛猛犸象"。

　　真猛犸象的体形跟今天的亚洲象差不多，雄性肩高2.7米~3.4米，体重6吨~7吨，而它们的耐寒本领，在象类中可谓空前绝后。真猛犸象体态敦实厚重，四肢短粗，皮下有厚厚的脂肪层，肩部还有储存脂肪的肩峰，这些脂肪不仅抗寒，还能帮助它们扛饿。

　　从保存的遗骸来看，真猛犸象身上披着两层毛：外层的长毛粗糙厚实，可达90厘米长，能挡风雪；长毛之下另有一层8厘米长的细密绒毛，有助于保持体温。它们的四肢、足部、长鼻末端也都有毛发覆盖，以便它们在寒冷的地面行走觅食。螺旋形的长牙，可能也有助于它们在冬天清除积雪，搜寻被盖住的干草。

在真猛犸象的鼎盛时期，它们的分布范围从欧洲西部向东，横跨整个亚欧大陆北部，越过白令海峡，一直延伸到北美洲，数量多达数百万头。它们生活的环境寒冷干燥，植被介于温带干草原和苔原之间，一年大部分时间都是草类繁茂。

暖和才会饿死

许多描绘冰河时代的画作，常常把猛犸象放在冰天雪地里，但这其实是真猛犸象害怕的环境——大地银装素裹，草类被压在厚厚积雪之下无法生长，它们怎么填饱肚子？在它们家族繁盛的时期，由于气候干燥，即便在零下几十摄氏度的严冬，地面上的积雪也不会很多。

相比之下，恰恰是气候回暖的时期，让耐寒的真猛犸象面临饥荒：气候回暖，冰川融化，大气变得湿润，雨雪增多，显著增加了地面积雪的厚度，使高纬度地区难以长草；而在纬度稍低的地区，湿润的气候又有利于树木的生长，会将大片草原转为森林——虽然森林很壮观，但作为高度适应草原生活的动物，真猛犸象在森林里可活不了。

在大约12万年前，一次全球温度上升的间冰期，就曾让真猛犸象差点灭绝，只在高纬度的几小块地区残存。约1.2万年前，末次冰期结束时，全球气候转暖，真猛犸象赖以生存的干草原又一次大为缩减。

人类的挑战

真猛犸象原本或许可以度过这次考验，可这次来了一个新的威胁——人类。此时的智人几乎已遍布北半球，他们有着高超的狩猎技巧，有投矛器、飞石索等狩猎武器，会毫不犹豫地对猛犸象大开杀戒。在西伯利亚和欧洲的一些真猛犸象遗骸上，研究人员就发现了被人类武器命中及被工具切割的痕迹。当时的人类不光把猛犸象作为"移动肉山"，还用它们的皮制作衣物、包裹，用它们的象牙和骨骼搭建房子，甚至已经有"史前艺术家"玩起了象牙雕刻。

其实对当时的人类来说，捕猎庞大、群居的猛犸象难度还是有点高，在有其他猎物的时候人类很少会轻易招惹它们。然而猛犸象毕竟繁殖缓慢，在衰退期碰上这么一批会玩技术的"丧门星"，只好无可奈何地走上了末路。约1万年前，在亚欧大陆和北美洲的北方，已经没有猛犸象了。

复活猛犸象，靠谱吗

除了"开采"象牙，科学家对于冻土中的猛犸象遗骸，还有更大的野心：能否利用这些遗骸上保存的DNA，克隆出活生生的猛犸象？毕竟，现在不仅有保存了皮肤、肌肉组织的"木乃伊"，还有保存在一些冻尸内的清晰可见的器官，甚至液态的血液，至少比克隆恐龙现实多了吧！

然而，以现在的科研技术，从已经死亡上万年的遗体上提取完整的DNA，仍然有点"科幻"，更不要说培育胚胎和找代孕象妈妈了。2012年，俄罗斯、韩国的科学家又声称将联合克隆猛犸象，但至今仍无进展公布。一些科学家和环保人士也认为，在当今亚洲象、非洲象以及许多大型动物都高度濒危的情况下，投入大量资源复活猛犸象，是一种浪费。或许在现在以及可预见的将来，我们人类都还没有准备好，让曾经君临大地的猛犸象重回这个世界。

最后的猛犸象生活在哪里？

在1万年前大陆上的猛犸象灭绝后，只有在与大陆隔绝的圣保罗岛、弗兰格尔岛，还各自有一小群真猛犸象继续繁衍。在这两个岛屿上，真猛犸象分别幸存到了5600年前和3700年前。

然而，由于生存空间狭窄、食物资源有限，这些最后的真猛犸象亚种体形越发矮小，到灭绝时已不到2米高。后来当人类登上这些岛屿的时候，为数不多的"侏儒象"种群已经不堪一击，在猎杀下迅速灭绝。雄踞整个冰河时代的草原霸主，最后却以如此凄惨的方式退场，不由令人唏嘘……

恐龙防身术

只有犀牛才在鼻子上长角吗

看惯了牛、羊、鹿头顶上的犄角，我们总觉得犀牛的样子挺奇怪：为啥把角长在鼻子上呢？难怪是不适应时代的活化石！犀牛确实资格老，不过在史前哺乳动物当中，鼻子上长角的种类还真不少，甚至连啮齿类都有。其中有几类史前巨兽，个头、外形都跟犀牛很相像，在科普复原图上经常被人误认为犀牛，但它们并不是犀牛的亲戚，而且生活年代都比犀牛还要早得多。

尤因它兽：六角獠牙怪

6500万年前，一颗小行星干掉了恐龙，被恐龙压制了上亿年的哺乳动物终于翻了身。随着地球生态逐渐复苏，哺乳动物也瞄准当年恐龙留下的一个个空白生态位，开始辐射演化。其中有些继续保持小巧玲珑的外形，有些成为凶猛的掠食者，还有些则像吹气球一样越长越大。到新生代的古近纪的第二个世始新世,在北美和东亚,终于出现了哺乳动物中的第一种巨兽——尤因它兽。

尤因它兽的化石最早发现于美国尤因它山区,故而得名。它们跟今天的白犀牛差不多大,约4米长,2吨重,也同样有柱子般的四肢、粗胖的身躯和狭长的脑袋。但跟犀牛不同的是,雄性尤因它兽口中有一对30厘米长的尖利犬齿,头顶上、鼻子上还有6只角!

实际上,尤因它兽与犀牛的亲缘关系不知远到哪里去了。它们既不属于犀牛所在的奇蹄类,也不属于牛、羊、鹿所在的偶蹄类,而属于一个名叫"恐角目"的原始族群。当时的食肉动物难以威胁这些大家伙,因此雄性尤因它兽的大獠牙和短角,应该只有一个用途——在争夺领地和配偶的时候对付同类。距今3700万年的始新世晚期,北半球气候转为干旱,森林减少,尤因它兽等恐角类也随之灭绝。

埃及重脚兽:双角两栖怪

如果觉得尤因它兽的小短角不够壮观,那么埃及重脚兽或许可以满足你。同样拥有犀牛般的壮硕体格,埃及重脚兽的鼻子上方有一对左右并排、又粗又长的锥形巨角。这对巨角正好挡住了它们双眼的视线,让它们一辈子看不见正前方。

不过埃及重脚兽的角，中看不中用。犀牛的角虽然坚硬，但里面并没有骨头，而是由类似毛发的角质物紧密排列而成，成分跟人的手指甲差不多。犀牛角里没有血管和神经，因此犀牛就算在打斗中折断了角，也不会痛苦，甚至还能把断角长回来一部分。而埃及重脚兽的巨角就不一样了，它们的角是由鼻骨构成的，内部中空，结构脆弱，不像犀牛角那样能当武器使，只能在雄性求偶的时候用来炫耀。雌性埃及重脚兽也有一对角，只是比雄性的细小一些，而且比较竖直，对视线的影响没那么大。

埃及重脚兽生活在3600万～2700万年前的非洲东北部，当时撒哈拉沙漠还是靠近海洋、温暖湿润的地区。出没于海滩与河湖湿地中的埃及重脚兽，很可能有一身好水性，习性类似今天的河马。

其实埃及重脚兽最引人注目的地方，是它的家族血统：古生物学家认为，埃及重脚兽和现存的大象、海牛、土豚、蹄兔等看似八竿子打不着的一干类群，有着共同的祖先！只是埃及重脚兽在演化路线上有点"跑偏"，对环境的适应能力不够，在新生代的古近纪的第三个世渐新世开始后不久就灭绝了。

雷兽：巨角马面怪

正当埃及重脚兽在非洲玩泥巴的时候，亚洲、欧洲和北美洲等几个大洲上终于有了犀牛的身影。只不过当时的犀类还很原始，个头不大，也没有犀角，比它们更早成为有角巨兽的，是奇蹄类动物的另一批成员——雷兽类。

中国上古神话中有一种怪物就叫"雷兽"，能拍打肚子发出雷鸣般的巨响。在北美大平原地区的印第安人传说中，也有一种"雷马"，它们外形如马，天上打雷就是它们在云里奔跑而引起的。19世纪末，古生物学家在当地发现了一批史前巨兽化石，便将这种巨兽命名为"雷兽"。印第安人的传说歪打正着：从分类学角度看，雷兽确实是马的近亲。

始新世晚期，雷兽在北美洲和亚洲都留下了足迹，但两地雷兽的身体结构，特别是角的形态有所不同：北美洲的王雷兽，角朝两侧分叉，形成一个Y形；亚洲的大角雷兽，则长着一个扇形的大角。这两种雷兽从头到尾都有5米长，肩高超过2.5米，体重2吨～3吨，比现存的5种犀牛都大，几乎跟亚洲象一个级别。而仅仅1000万年前，它们的祖先才只有绵羊大小！

或许是大型化的步子太快，雷兽类的骨骼结构，还没来得及适应巨大的身躯。它们不光骨骼笨重，脑子小，而且主要用蹄子而非整个脚掌支撑身体，因此难以快速奔跑，甚至多站几个钟头就会很疲劳。它们的巨角则跟埃及重脚兽类似，是由鼻骨或额骨形成的，承受不了猛烈撞击，最多只能在求偶争斗中，象征性地"切磋"几下。与今天的犀牛相比，雷兽简直就是中看不中用的泥足巨人……幸亏当时的食肉猛兽也很原始，雷兽只要凭借庞大的身躯就足够自卫了。

　　真正的问题在于，雷兽与尤因它兽、埃及重脚兽一样，并不是食"草"动物——它们的牙齿是不耐磨的低冠齿，只适合吃柔软的树叶或水生植物，受不了富含硅质的草叶。始新世结束时，全球气候趋于干旱，大片森林被草原取代。马类、犀类由此从森林跑向了草原，闯出了一条新路，而庞大的雷兽类却已无力转型，只有等死……

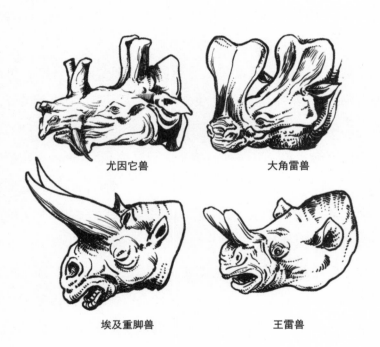

尤因它兽　　　　　　　　　　大角雷兽

埃及重脚兽　　　　　　　王雷兽

非常问

犀牛都有角吗？

地球现存的5种犀牛都是濒危动物，除了雌性爪哇犀没有角，其他种类犀牛的鼻子上都有1～2个角。但实际上，犀类家族足有5000多万年的历史，而长角的犀牛直到大约2500多万年前才出现，而且只有真犀亚科这一支中才有犀角发达的种类。

在犀类占据食草动物主流的辉煌时代，大多数的史前犀牛都没有角，或者只有很弱的小角。比如生活习性像河马的两栖犀，像鹿一样小巧灵活的跑犀，以及史上最大的陆地哺乳动物——15吨～20吨重的巨犀，都是无角的犀牛。从始于2300万年前的新近纪开始，硕果仅存的真犀亚科犀牛的体形逐渐大型化，长有锋利犀角的种类也越来越多，使犀牛成为陆地上个头仅次于象类的食草动物。

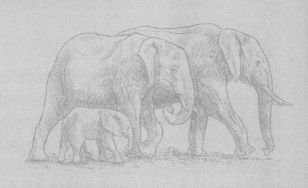

第 4 章

化石，
当年的故事

硅化木是怎么形成的

黑黝黝的煤炭，是亿万年前的树木在地层中经成煤作用形成的，煤炭几乎完全失去了植物的形态，却保留了植物中的碳元素。此外，还有一小部分树木遗骸，在外表上保留了更多的树木特征，化学组成却变成了以二氧化硅为主，便是硅化木。为什么它们没有变成煤炭的样子呢？

根据《大唐西域记》记载，当年玄奘法师从西域带回了三件宝贝：佛经、舍利，还有一件就是神木。能与佛经和舍利相提并论的神木，就是硅化木——史前树木的化石。相传有一根神木后来被带到了日本一个小镇，受到了当地人的热烈尊崇，后来这个小镇就发展成了日本几大城市之一的神户……

当年的西域涵盖的我国新疆维吾尔自治区，正是硅化木的重要产地。今天这里远离海洋，气候干旱，可早在2.5亿～6600万年前的中生代，这里气候温暖湿润，森林繁茂。由于风沙、火山活动等原因，一些树木被埋入地下，渐渐变为化石。

　　不对啊，煤炭不也是树木被埋起来之后变成的吗？区别就在于，变成硅化木的那些木头一般是被沙尘或火山灰等迅速掩埋的，或是淹没在富含硅质却缺乏氧气的地下水中，基本隔绝空气，木头中的有机物很少被分解，而是一点点被周围的石英、方解石等矿物置换出去，最终在化学组成上发生了质变，外表却能保留树木的原形，就连年轮、树皮纹路、虫咬痕迹甚至细胞壁都清晰可辨。还有一些硅化木干脆就是在火灾中被烧过的——大部分含碳的木质早已化为二氧化碳散发到空气中，地层中的矿物质就填补了它们的空缺。

迅速掩埋、隔绝空气→

　　面对亿万年间地层中的严峻考验，小树和树枝往往承受不住，一般只有粗大的树干才能保存下来：有些硅化木的长度可超过30米，直径超过2米。一些保存较好的硅化木，如果不触摸或搬动，几乎能以假乱真，被当作真的树木。只是硅化过程往往会混进铁、铜、锰等杂质，因此不同产地的硅化木，也会呈现红、黄、黑等多种颜色。

　　而变成煤炭的那些木头，通常先是沉积在沼泽中，在微生物作用下慢慢腐烂，变成泥炭，再在进入地层深处之后经受高温高压，被挤压成又干又硬的煤块。

不干不湿，才能硅化

对人类来说非常幸运的是，煤炭的形成条件远比硅化木的容易满足。全世界地层中的煤炭含量不知比硅化木高到哪里去了，挖了好几百年还没挖完，硅化木却被视为世间珍品。

对古生物学家来说，硅化木不仅是史前植物的化石标本，也是推测史前生态的重要材料。能出产硅化木的地方，当时必定有一个漫长而稳定的湿润时期，才能长出一棵棵参天巨树，但河湖湿地太多也不行，否则树木遗骸很难找到缺氧的环境保存，也形不成硅化木。造就煤炭最多的石炭纪，就因为气候太过潮湿，加上当时的树木以原始的种子蕨类为主，形成的硅化木远不如中生代的侏罗纪、白垩纪，以及新生代初期的始新世地层那么多。

形成硅化木的中生代树种，主要是松树、柏树、云杉、银杏等裸子植物中的高大乔木，从白垩纪晚期开始有了桦树等被子植物的身影。如果机缘巧合，整片森林就可能会像庞贝城一样被完整掩埋，后来又在地壳运动、地表风化的作用下露出地表，一根根树桩在亿万年后仍傲然矗立，仿佛乘坐时光机穿越到了今天。

有硅化木就有恐龙吗

目前发现的最大硅化木化石群，是在美国亚利桑那州的阿达马拉，是2.25亿年前的三叠纪晚期遗留下来的。在我国新疆的奇台县，也有一处1.5亿年前侏罗纪时期遗留下来的大规模硅化木化石群。这两个地方都以出产恐龙化石著称，比如亚利桑那州的双脊龙，新疆奇台更有中国最长恐龙——长达35米的中加马门溪龙。茂密的森林和游荡其间的恐龙同生共死，又一起在世间重现，是不是很带感？

尽管硅化木和恐龙化石带动了当地的旅游经济，但实际上这两者在地层中的年代、地点并不完全吻合，只不过是"关公战秦琼"：群集的恐龙化石，一般是流水搬运、泥沙淤积而掩埋在地层中的，与硅化木的成因并不相同，因而两者没法一起形成。而且在一片森林中，大中型恐龙的密度肯定比树木要低得多，因此它们在灾难中没能逃脱、变为化石的概率更要低出几个数量级。

非常问

木头能变成玉吗？

在如今的宝玉石市场上，有一种树化玉（又名"木石玉"）颇受青睐，它就是硅化木的一种形态。严格来说，树化玉并不是传统意义上的"玉"——不论和田玉等软玉，还是翡翠等硬玉，主要成分都是含有多种金属元素的硅酸盐，而树化玉的主要成分是二氧化硅。

最古老的硅化木，出现在近3亿年前的二叠纪地层，也就是松树、柏树、苏铁等具有木质部的裸子植物兴起之时。从那时直到恐龙灭绝后的新生代初期形成的硅化木中的二氧化硅，主要呈玉髓、石英这样的结晶形态；而年轻一些的、距今5000多万年之内形成的硅化木，其中的二氧化硅还没有完全结晶和失去水分，则往往以蛋白石的形态存在。上乘的玉髓或蛋白石硅化木，质地像玉一样光滑温润，观赏价值还是不差的。

乌龟的壳儿，是怎么来的

慢悠悠爬行的乌龟，在人们眼里几乎就是迟钝的象征。要不是"龟兔赛跑"的励志故事，以及长寿的吉祥含义，这些与世无争的家伙简直要被黑得没边了。而乌龟标志性的龟甲，作为"用速度换防御"的代表，却堪称进化史上的一个奇迹。

取不下来的龟壳

《天龙八部》里的阿紫说自己活剥龟壳，阴暗少女的本色便跃然纸上。尽管许多寓言故事把龟壳说成乌龟的负担，但它们确实是龟类身体不可分割的一部分——它们躯干部分的骨头，就在龟壳上。

与虾蟹、昆虫等节肢动物的甲壳不同，龟壳来源于龟类的骨骼，由背甲、腹甲闭合而成。我们看到的坚硬粗糙的龟壳表面，其实是龟甲外层的角质盾片，盾片内侧，就是它们真正的骨骼。背甲中央是龟的脊椎骨，两侧则是扁平状、已经愈合在一起的肋骨。与大多数脊椎动物不同，龟类四肢根部的骨头及腹部的骨盆，都被包进了这个由脊椎、肋骨组成的背甲穹顶里面，同时也对背甲起到了支撑作用。

至于龟类腹部的腹甲，则是由它们的胸骨、锁骨、肋骨等扩大并愈合而形成的，外面同样覆盖着角质盾片。在背甲和腹甲之间，就只有肌肉、脂肪和内脏了，这里面并没有骨骼支撑。所以如果不把乌龟开膛破肚，是没法把龟壳取下来的……

背甲腹甲，有先有后

2008年，一个以中国科学家为主的团队，在贵州发现了当时最早的龟类化石。这种龟类被命名为"半甲齿龟"，生活在2.2亿年前的三叠纪，体长30厘米～50厘米。半甲齿龟有着细长的尾巴、适合划水的四肢，以及细密的牙齿，再加上同一地层发现的菊石、牙形石等海生动物化石，说明它们当年生活在浅海里，很可能以鱼虾为主食。

半甲齿龟长得虽有几分"龟相"，但和今天的龟类不同，它们的龟壳只有一半：只有腹甲，而没有背甲！只有半个壳，能管什么用呢？研究者推测，半甲齿龟可能主要活动在水面附近，捕食者的威胁大多来自下方，因此胸腹部最需要加强防护。它们的腹甲和今天龟类的颇为相似，而背部除了一些类似鳄鱼背上的坚硬骨块，基本是不设防的。

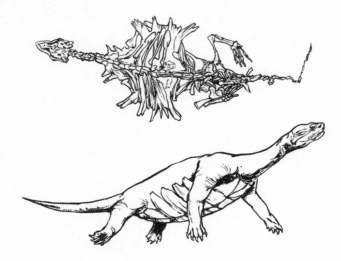

　　长期以来，古生物学界都认为龟类和其他爬行动物一样，是在陆地上进化的，然后才有一部分跑到水里去，变成了淡水龟和海龟。而半甲齿龟的现身，表明龟类在长出龟壳之前很久，应该就已经是水生动物了。进化当然不能一蹴而就，龟壳的防御力在自然选择下逐步"升级"，先有腹甲，再产生背甲，在龟类登陆后再继续完善。2015年，人们在德国发现了2.4亿年前的祖龟的化石。祖龟的四肢、尾巴同样是适合水栖的类型，没有背甲，由肋骨形成的腹甲也更加原始。看来，龟类在水中进化出壳的可能性，又进一步增加了。

　　不过，会不会有另一种可能性：半甲齿龟的祖先，也曾经是有完整龟壳的陆龟，回到海里后为了游泳方便才失去了背甲呢？

海陆之间，来回切换

　　古生物学家之所以怀疑龟类在岸上进化出壳，是有依据的：在发现半甲齿龟之前，人们已知最古老的龟类是生活在2亿年前的原颚龟和晚三叠龟，它们的背甲、腹甲都比较完善，身体结构也明显属于陆生龟类。再想到鱼龙、蛇颈龙和后来的鲸类都是在陆地上折腾够了再返回大海，古生物学家认为龟类这样也无可厚非吧……

　　自从泥盆纪两栖动物上岸以来，它们的绝大部分后裔要么安心于水陆两栖，要么坚定走上纯陆生的道路，就算要重返大海也是义无反顾的。而龟类的演化历程，却经历了陆生—海生—陆生（演化出陆龟）的循环。更神奇的是，按照目前的龟类演化谱系，原颚龟、晚三叠龟这些原始陆生龟类，并不是现代陆龟的祖先；如今陆地上和淡水中的龟类，是从后来又回到大海的海生龟类演化而来的！也就是说，龟类在演化过程中，至少经历了两次"由海上陆"，甚至可能还有更多次。

　　我们总是觉得乌龟很"保守"，动作那么慢，缩进壳里自保的方式又太消极。可是从演化的角度讲，龟类2亿多年来在水陆之间反复迁移，绝不是只靠龟壳护身来"以不变应万变"，而是采取了一种非常灵活的演化策略。或许就像《功夫熊猫》里的乌龟大师那样，看似迟钝的它们，基因里其实蕴含

恐龙防身术

着绝顶的智慧呢。

非常问

史上最大的龟有多大？

在许多地区的神话传说中，巨龟都扮演着重要角色，获得人们的敬畏。在现实中的龟类演化史上，最大的龟出自浩瀚的海洋。约6700万年前的白垩纪晚期有一种古海龟，龟壳长达4米以上，体重估测超过2吨，是今天最大的海龟——棱皮龟的2倍多。与棱皮龟类似，古海龟的龟壳也是革质的，而不是坚硬的骨质壳，否则还会更重。再凭借有力的桨状四肢和海水的浮力，古海龟可以在海中游动自如，吞食漂浮的水母、腐尸，甚至是快速敏捷的乌贼。

在陆地上，身负重壳的龟类如果体形过大，就很难与其他植食动物竞争或是对抗捕食者，因此一般只在岛屿上才能长得很大。今天在加拉帕戈斯群岛、塞舌尔群岛上的两类象龟，龟壳长度约1.5米，重达250千克。但在200万年前，冰河时代的一些东南亚岛屿上，还生活着一类名叫"巨壳龟"的大型陆龟，化石显示它们足有2.5米长，约1吨重！在冰期海平面下降、大型食肉动物入侵了它们的家园后，这些温顺迟缓的植食巨人也就随之消失了。

蛇为什么失去了四肢

在我们的基因里，或许深深扎根着对两类动物的恐惧：一类是大型猫科动物，另一类就是蛇了。从狐猴到黑猩猩，几乎所有的灵长类动物都怕蛇，这显然是出于对蛇毒的恐惧。除此之外，蛇没有四肢却能爬行如飞，也让人感到神秘乃至产生敬畏。对于它们到底是怎么变成这样的，古生物学界一直很感兴趣。

游泳丢腿，还是挖洞丢腿

在爬行动物分类中，没有腿的蛇和有腿的蜥蜴同属于有鳞目，两者共占了现存爬行动物95%的种类。蛇和蜥蜴两大家族的成员，没有鳄鱼的革状皮肤或龟类的壳，全都身披鳞片，交配方式也很相似。两者唯一的区别，是蜥蜴有一层不透明的眼睑，蛇却没有。很显然，这两者来自一个共同的祖先。

对于蛇类的起源，古生物学家们多年来有两种截然相反的猜测。一种认为，蛇的祖先生活在海洋里，一边快乐地游泳一边抛弃了四肢，作为证据，白垩纪海洋里的大海怪——沧龙的骨骼结构，就和蛇的很像；另一种猜测则认为，蛇是在陆地上起源的，因为长期过着打地洞、钻缝隙的生活，四肢就变成了累赘。

2015年，终于有人找到了长有四条腿的原始蛇类的化石。这块化石采自巴西，却在德国索伦霍芬的博物馆里贴着"未知化石"的标签被埋没了多年，直到最近才被偶然注意到。如获至宝的研究者把它命名为"环抱四足蛇"，而它也几乎终结了蛇类起源路线的争论。

环抱四足蛇生活在1.13亿年前的白垩纪，前后肢分别只有4毫米和7毫米长，相比近20厘米的身长小得可怜。除了有四肢，它细长的身体、灵活蜿蜒的脊椎、能大幅张开的颌骨以及细密的小尖牙，都显示着蛇类家族的特征。在环抱四足蛇身上，看不出适应游泳生活的扁尾巴和桨状肢，倒有不少地方符合穴居生活的动物的习性。研究者认为，它的四肢已经失去了行走功能，只能用来抓紧猎物，或是在交配时抓住对方不撒手……

潜入地下，再重返光明

在环抱四足蛇现身前，人们也发现过长着腿的原始蛇类的化石，不过它们都只有两条后腿，地层年代也更晚一些。到了大约9000万年前，终于出现了没有腿的蛇类。在这个恐龙时代的巅峰时期，原始蛇类选择了潜入地下发展，剑走偏锋却意外成功了。

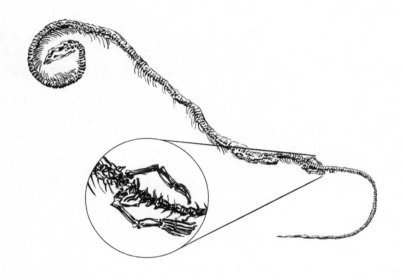

　　与鼹鼠、鼢鼠这些哺乳动物中的"挖掘机高手"不同，爬行动物在向穴居演化的过程中，往往会把身体拉得细长，四肢也变小、变弱甚至退化。在现存的4000多种蜥蜴中，有1200多种都是身体细长、四肢短小的石龙子，此外还有失去四肢的蛇蜥，以及连视力都没有的蚓蜥。蛇类中被视为原始类型的盲蛇，也是终生待在地下，眼睛也已退化并被鳞片盖住了。

　　原始蛇类生活在地下，没有四肢和视力并不是个问题。然而后来不知出于什么原因，一些原始蛇类又返回了地面，开始朝着现在的样子演化。在地面上，它们用肌肉带动腹部鳞片"踩"住地面，通过反作用力使身体向前移动，照样可以行动自如。

然而重新开眼看世界这事，难度却要高得多——都说蛇类不能闭眼睛，其实它们的眼睛一直是"闭"着的！在地下的日子里，原始蛇类的眼睑已经闭合在一起，回到地面后再也分不开了。于是它们采取了另一条策略，那就是把闭合的眼睑变得透明，同时恢复了一度退化的视网膜。即便如此，"出来混总是要还的"，经过一番来回折腾的蛇眼，视力还是很差，只是能近距离看见东西而已。触觉（感知地面震动）、嗅觉以及部分蛇类的热红外线感知能力，才是它们的主要感觉。

恋恋不舍的残肢

DNA研究表明，现代蛇类的胚胎中依然保留着"可以长出四肢"的基因，只是那几个位置的细胞根本不听它们的，所以长不出来。能长出腿的变异蛇，甚至比一卵双胎的"双头蛇"还要罕见得多，"画蛇添足"这个成语可不是白说的。

在绝大部分现代蛇类的身上，已经完全没有了腿的痕迹，它们从内到外都完全适应了没有腿的生活。在密集的灌木丛、乱石堆及沼泽浅滩中，蛇爬行起来反而比许多有腿的动物更快、更灵活。只有一小撮"保守分子"仍然对腿恋恋不舍，那就是蛇类中体形最大的一族——蟒蛇。

今天的蟒蛇分为旧大陆的蟒类、新大陆的蚺类两大家族，它们除了个头大，看上去跟其他蛇类没啥区别。但只要把一条蟒蛇翻过来，就能看到在它的肛孔两侧，有一对像是小爪子的东西，这就是它们后肢退化的残余，雄蟒身上尤其明显。这对残爪对蟒蛇已经没什么用处，只是证明在遥远的过去，它们的祖先曾经还是长着腿的。

非常问

史前的蛇能吃恐龙吗？

白垩纪晚期，地球上已经有了蟒蛇，但当时的蟒蛇体形并不大。白垩纪最大的蛇是巨蛇类，在由冈瓦纳古陆分裂出的非洲、南美洲、澳大利亚、印度半岛和马达加斯加岛都有它们的化石。其中的玛德松纳蛇体长可达10米，跟今天的巨蟒也相差无几。

已发现的巨蛇类化石不多，不过已经表明它们并不是蟒蛇那样的"吞食者"，上下颌张开不了太大角度，所以只能吃掉小一点的猎物。比如3.5米长的印度古裂口蛇，就没办法吞掉整个恐龙蛋，只能潜伏在恐龙巢穴周围，攻击破壳而出的小恐龙。

　　6500万年前恐龙灭绝时，巨蛇类成为少数幸存的大型动物之一，这多亏了它们高超的耐饿本领。后来它们逐渐被蟒蛇所取代，只有少数在澳大利亚一直延续到5万年前，和澳大利亚原住民的祖先打过交道！古生物学家猜测，澳大利亚原住民文化中的虹蛇，可能就是以史前的巨蛇类为原型的。

古生物学家做过哪些乌龙复原

　　博物馆里完完整整的恐龙骨架，电影里活灵活现的特效恐龙，在我们今天看来似乎理所当然。但根据破碎的化石复原史前生物这门技术，可是研究者们经历了200多年的积累不断完善的。在没有参照系的时候，复原有时候也会很不靠谱……

　　古生物学的祖师爷，是18世纪末成名的法国人乔治·居维叶，他发明了一种"比较解剖学"。简单地说，就是通过分析化石骨骼、牙齿的特征，跟现代动物的骨骼、牙齿仔细对比，从而判断化石属于哪一类动物，可能有什么样的习性。靠这门功夫，居维叶20多岁就出了名，中年以后技术更是炉火纯青，据说只凭一颗牙齿、一块下颌骨，他就能推断出动物的完整模样和习性。

　　不过在居维叶的时代，被研究的大部分化石，都是年代较晚的哺乳动物化石，跟今天现存的哺乳动物有很多相似之处，比较好复原。然而，当古生物学家的目光转向更遥远的时代、研究闻所未闻的史前生物——恐龙的时候，问题就来了。

禽龙：从犀牛到大蜥蜴再到袋鼠

居维叶虽是大神，但当时学界对古生物的了解还是太少，就连他也时常出错。1822年，有位名叫吉迪恩·曼特尔的英国医生，给他寄来了一些牙齿化石，居维叶鉴定后这认为是一种史前犀牛的牙齿。然而曼特尔不买账，他坚信自己发现的是一种巨型爬行动物的化石。访问了多位知名学者之后，曼特尔终于确定它们属于一种牙齿像鬣蜥的爬行动物，1825年将这种动物命名为*Iguanodon*，意思是"鬣蜥的牙齿"，中文译为"禽龙"。

到19世纪40年代，学界已经发现了好几种类似的史前大蜥蜴，古生物学家理查德·欧文就给它们起了一个统称——dinosaur，也就是恐龙，原意是"恐怖的蜥蜴"。这时候更多的禽龙化石也已出土，于是欧文试着复原禽龙的生前模样。当时没人知道10米长的"大爬虫"长什么样，于是欧文设想的禽龙形象，简直就是一个犀牛与鬣蜥的混合体，身躯圆滚滚的，四肢直立而僵硬，显得傻大笨粗。

20世纪早期，恐龙的化石材料大大增加，人们又认为禽龙前肢短、后肢长，可能是类似袋鼠一样直立着身子走路的，尾巴拖在地上！直到二十世纪八九十年代，类似这样的复原还可以看到。不过今天我们终于知道，禽龙身材壮硕而匀称，平时都是四条腿行走的，偶尔才用两条腿奔跑。

"龙变鲸" 与 "鲸变龙"

正当欧洲掀起恐龙热的时候，新大陆的美国人也没闲着，广袤的北美大地上不断有新化石出土。有人在路易斯安那州发掘出了一些巨大的脊椎化石，送到博物学家理查德·哈兰手上，哈兰认为它们属于一种海洋爬行动物，将其命名为 *Basilosaurus*，意思是"帝王蜥蜴"。后来又有人找了一堆类似的化石，七拼八凑组装成了一具30多米长的骨架，说是传说中的"大海蛇"，卖票展览。

也有一些化石辗转到了理查德·欧文手里，这次它们终于被验明正身：史前鲸类。欧文根据牙齿化石的特征，将这种鲸命名为"械齿鲸"，可惜根据生物学命名法则，它的名字已被"注册"为 *Basilosaurus* 了，不能更改。所幸中文比较灵活，直接翻译成"龙王鲸"就行。

欧文这次鉴定对了，但他在鉴定其他化石时就犯了一个错误，差点把一种恐龙化石错当成了海洋爬行动物的化石，这就是鲸龙。1841年，就是他提出 dinosaur 一词的前一年，有人给他一些巨大的脊椎化石，他鉴定它们属于某种像鲸一样大的海洋爬行动物，并将这种生物命名为"鲸龙"（*Cetiosaurus*），也就是"鲸鱼蜥蜴"。1869年，另一位大牛托马斯·赫胥黎确定鲸龙是一种恐龙。

"拼"出来的奇虾

5亿多年前的寒武纪生命大爆发，宣示着多细胞生物正式登上了演化舞台。1892年，古生物学家怀特夫斯在加拿大的落基山脉，找到了一些类似虾尾的寒武纪化石，将其命名为"奇虾"，并想象了它们头部的样子。

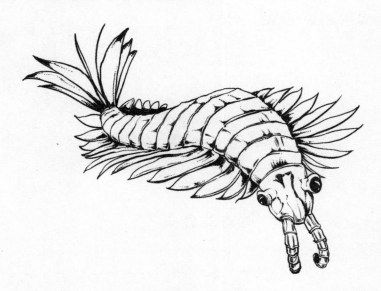

1909年，另一位古生物学家查尔斯·沃尔科特又在加拿大的布尔吉斯页岩中，发现了非常壮观的寒武纪化石群。其中

包括三叶虫、水母，类似海参的动物，以及许多犹如外星生物的"虫"，比如蝌蚪般头大身小、却身披硬壳的吐卓虫等。

　　然而1980年后，更多分析表明，有些"水母"和"海参"化石的结构更像节肢动物，"奇虾"的尾部以及"吐卓虫"似乎也是某种大型动物的一部分。经过大胆想象，古生物学家们终于拼出了"奇虾"的完整姿态：体长达1米、外形仿佛乌贼与龙虾混合体的巨型掠食者！"虾尾"其实是奇虾嘴边的前附肢，"水母"是它们的口部，"海参"则是躯干……1984年，古生物学家在中国云南帽天山又发现了一个寒武纪化石群，包括体形更大（2米长）、保存更完整的奇虾化石，证实了这一推测。

非常问

奇虾是虾吗？

　　奇虾名字里虽然有"虾"字，但它们不仅不是虾，甚至连节肢动物都不是，古生物学家一般把它们归入叶足动物门。近年中国科学家的研究认为，包括虾、蟹、蜘蛛、昆虫等在内的节肢动物，其祖先可能就是从叶足动物演化而来的。

奇虾的"叶足"位于身体两侧，呈扇片状，可以上下拍打推动身体前进。它们的捕食工具，就是曾被误认为虾尾的前附肢，"虾足"其实是前附肢上的刺，晚期演化为网状，可以牢牢抓住猎物。不过到了4.7亿年前的奥陶纪时期，随着更敏捷的捕食者出现，笨拙原始的奇虾也灭绝了。

猎豹与羚羊，
存在军备竞赛吗

地球上跑得最快的动物是猎豹，大家都知道。那么跑得第二快的动物是谁呢？这可能很少有人知道，这就是亚军的无奈吧，这块银牌属于北美草原上的一种食草动物——叉角羚。它们跑起来的最快时速，能达到88千米，还能以56千米每小时以上的速度一口气跑上4分钟。

叉角羚长得像羚羊但不是羚羊，也不属于牛科，而自成一个叉角羚科，雄叉角羚有鹿角一样分叉的角。与个头相仿的绵羊相比，叉角羚的心、肺和气管都大出许多，加上细长的四肢、富有弹性的脊椎，使它们短跑、长跑都游刃有余。不过，比起狼、灰熊和美洲狮等北美食肉动物，它们的本领好像有些"过剩"了，跑这么快干啥？

对此古生物学家有解释：史前北美洲曾经有一种被命名为"北美猎豹"（又译作"惊豹"）的大型猫科动物，其身体特征很像今天的猎豹。北美猎豹和叉角羚的祖先在北美共同进化了至少300万年，这两类动物很可能曾经反复上演着如同非洲草原上猎豹追逐瞪羚的戏码，在长期的生存斗争中越跑越快。大约1.2万年前冰河时代结束时，北美猎豹和剑齿虎、猛犸象等许多大型动物一起灭绝了，叉角羚却幸存下来，继续施展着已无对手的"凌波微步"……

猎豹还是美洲狮

以上，似乎是个关于适者生存、趋同演化的绝妙例证。可惜总有人跟好故事过不去——多年来的不同声音，尤其是近年的一些研究认为，北美猎豹与叉角羚的"军备竞赛"或许只是科学神话。

正如叉角羚不是羚羊，北美猎豹也不是真正的猎豹。21世纪进行的线粒体DNA检测，表明北美猎豹最近的亲戚是美洲狮，跟猎豹的关系要远些。北美猎豹、美洲狮和猎豹的共同祖先曾在800多万年前"脱亚入美"，此后一支返回旧大陆并演化出了猎豹，美洲狮与北美猎豹则属于留在美洲的另一支。

北美猎豹为数不多的化石则显示，它们在短跑能力方面，可能不如猎豹专业。北美猎豹的体形比猎豹更大、更强壮，脚爪像其他猫科动物一样可以缩回，而猎豹的脚爪是不能缩回的，快速奔跑时能提高抓地力。2010年，更有研究者在美国亚利桑那州大峡谷的山洞中，发现了北美猎豹的化石！大峡谷可不是叉角羚驰骋的开阔草原，北美猎豹当时的主菜，只能是类似今天落基山脉中的大角羊、雪羊的史前山地野羊。

其实早就有古生物学家注意到，北美猎豹所谓"类似猎豹的特征"，诸如四肢细长、脑袋小而圆、鼻腔增大、上犬齿较小等，在山地生活的雪豹和美洲狮身上也有所体现。难道它们原本是攀岩专家而不是短跑专家？

来自亚洲的辩护

事实并非如此简单。即便我们熟悉的猎豹，也能适应开阔草原之外的生态环境。今天仅存的数十只亚洲猎豹，就栖息在伊朗偏僻的多山地带，以山区的野绵羊、野山羊等为食。

亚洲猎豹和非洲猎豹是同一物种，那么史前的北美猎豹，或许也有能力适应多种栖息地。在冰河时代的亚欧大陆，也曾有多种史前猎豹飞驰在温带草原上。

要确定北美猎豹和叉角羚到底是不是生死冤家，需要更多的化石证据。比如，要是发现北美猎豹的粪化石，或许能从中找到叉角羚的骨骼碎片；如果有北美猎豹的足迹化石，就有望推断它们的奔跑速度；若能在叉角羚化石上找到北美猎豹的牙痕，就更靠谱了。可惜至今为止，就连足够完整的北美猎豹化石都没有。

叉角羚：我的能力没过剩……

对叉角羚来说，它们在北美猎豹消失后的一万年里也没有高枕无忧。在1999～2001年、2004～2006年，研究者给美国黄石国家公园的28只成年叉角羚戴上无线电项圈，到研究结束时仅4只幸存，8只失踪，找到尸体的16只中有14只死于被捕食，杀手包括狼、美洲狮和雕，而头号凶手居然是小巧而善跑的郊狼。

说起来，叉角羚一族在北美演化了2000多万年，远比北美猎豹要久远，而犬科动物的起源和演化中心就在北美，曾有多种史前巨犬和叉角羚一起生活过。有研究者认为，叉角羚的奔跑能力，或许是为了对付犬科的：凭高速度在第一时间内摆脱来自两三个方向的追击，"跑不死"则是对付犬科的超强耐力。

其实，物种之间的生存斗争，远远不止捕食者与猎物之

恐龙防身术

间的"军备竞赛"这么简单。跑得快不快，只是大自然给叉角羚设下的选择压力之一，而它们千万年来要躲避的天敌也远不止一两个。如果说叉角羚仅仅是为了从某种捕食者口中逃命，而演化成今天这个样子，那也未免太天真了。

非常问

为什么叫"猎"豹？

叫这个名字，是因为古人曾经驯养它们打猎。在3000多年前的古埃及墓穴中，就有法老驾车带着猎豹的壁画，古代两河流域、波斯和中亚的君王贵族也喜欢驯养猎豹。唐代时猎豹传入中国，到元代仍是西域地区进献的珍贵贡品。与猎狗相比，猎豹捕捉羚羊、野兔的能力要强得多，性情也比较温顺，从小驯养就能听从人的号令。然而猎豹在人工饲养下难以繁殖，因此一直没能培育出驯化的猎豹品种。19世纪以来，野生猎豹的数量大大减少，驯养猎豹的情况也非常少见了。

北京直立人与鬣狗，
谁主龙骨山

　　在历史读物里，周口店的北京直立人至今仍被视为华夏大地上的人类先驱。然而从古人类学的角度看，当年的说法很多都是有待确证的——比如他们的正式名称是"北京猿人直立种"，科学上常称之为"北京直立人"，他们也不是今天中国人的老祖宗，他们的智力没有以前想象得高，而名为"猿人洞"的龙骨山洞穴，当年也未必是他们的幸福之家……

头骨上的罪证

北京直立人遗址位于北京周口店附近的龙骨山，有化石的沉积岩层跨度数十万年。从1927年到1937年，这里共出土了5个头盖骨、多块头骨破片、14块下颌骨、100多颗牙齿，以及一些破碎的肢骨等。这些化石绝大部分在二战中失踪，新中国成立后又发掘出了少量化石。

研究者们很早就注意到，北京直立人化石中的头盖骨远远多于面部和肢体的骨骼，上面的破缺、伤痕也十分可疑。主持龙骨山发掘的德国学者魏敦瑞认为，这意味着北京直立人当年可能存在食人之风。但当时的国内学界主流对此并不赞同，他们认为头骨上的破缺与伤痕更可能来自鬣狗啃食。

所幸当年魏敦瑞离开中国时，带走了北京直立人化石的全套石膏模型，上面近乎完美地再现了化石表面的细节。在扫描电子显微镜的精确观测下，一些化石确实显示了石器切割的痕迹，说明北京直立人极可能存在同类相食的情况。

然而另一些化石的眉骨、头顶等部位，却显示了鬣狗犬齿留下的咬痕，头骨底部的孔洞则显示了鬣狗前肢的杰作；人类石器的痕迹却毫无踪影。一段股骨上的表面损伤，也与现代斑鬣狗啃咬后吐出的骨骼的特征吻合。

史前碎骨机

今天非洲草原上的斑鬣狗，体形不输于狼，强有力的双颌可以咬开骨头，成群时就连狮子也要退避三舍。而当年北京直立人面对的，是更加可怕的对手——中华硕鬣狗。这种史前鬣狗跟狮子差不多大，体重可达100千克~200千克，龙骨山出土的硕鬣狗化石显示其数量至少有2000只。

与斑鬣狗相比，硕鬣狗不仅个头大出几圈，而且身体更强壮，上下颌咬合时如同一把大钳子，能轻而易举地咬碎骨头、吞食骨髓。它们的四肢短而粗壮，能撕开沉重的尸体。

动物纪录片中经常可以看到鬣狗群捕杀斑马、野牛的场面，但硕鬣狗身躯太笨重，不适合快速奔跑，因此很可能就是以食腐为主业的——"身大力不亏"的硕鬣狗可以凭借个头大、数量多的优势，在当时的华北平原上横行霸道，从其他猛兽口中夺食。

食尸者的对决

在非洲和欧洲，古生物学家发现了硕鬣狗与大量其他动物骨骼混在一起的大化石堆，可能是它们的巢穴。那么，曾被视为北京直立人居所的猿人洞，会不会也是硕鬣狗的巢穴呢？

吃腐肉的硕鬣狗，怎么会捕杀史前人类呢？

与现代人相比，北京直立人的身躯矮壮结实，又有力气又抗打，但平均脑容量只有1088毫升，喉咙构造也更原始。这意味着北京直立人四肢发达、头脑简单，说不出复杂的语言。龙骨山的许多动物尸骨上，总有人类石器的切削痕迹盖在猛兽牙印之上，证明北京直立人的肉食来源多是巧取豪夺，而不是自己捕杀。也就是说，他们跟硕鬣狗是直接竞争者。

凭借群体优势以及扔石头之类的种族技能，北京直立人应该能吓走势单力孤的虎豹，但对于凶猛又群居的硕鬣狗，他们可能会有意避开，以免两败俱伤。但在寒冷的冰期，人与鬣狗往往不得不争夺过冬的洞穴……研究者认为，龙骨山洞穴可能是由北京直立人、硕鬣狗以及其他食肉动物轮流坐庄。北京直立人有时在火把、石器的帮助下冒险把硕鬣狗赶走，但硕鬣狗可能也会趁着月黑风高，或是人们饥寒交迫之际发动攻击。

谁笑到了最后

化石显示，直立人最早出现在约180万年前的非洲，而后逐步往亚洲扩散。而硕鬣狗至少在300万年前就出现了，在北京直立人的时代已经从非洲、欧洲消失，中国华北是它们的最后堡垒，在龙骨山年代较晚的地层中，就找不到硕鬣狗的化石了。

前面说过，直立人远不是"见佛杀佛，见鬼杀鬼"的超级猎手，他们能让凶猛的硕鬣狗灭绝吗？在演化中，直立人的脑容量逐渐增大，打造石器和用火的手法也愈发熟练，对硕鬣狗的威胁越来越大，不过他们也只是"帮凶"而已。

从77万年前到40万年前，华北地区历经多次气候变幻，食草动物的数量、种类也跟着变来变去，使硕鬣狗失去了重要的腐食来源。与此同时，捕食能力更强的斑鬣狗也后来居上，或许正是它们把前辈硕鬣狗拍死在了沙滩上。

然而北京直立人也没笑到最后，龙骨山最晚在23万年前，就不再有他们的踪迹了。在较温暖的南方，直到20万年前仍有直立人。或许他们最终难耐北方的严寒，退缩到南方的温柔乡，直到被再次从非洲走出的更聪明、适应力更强的"新新人类"所替代。

历经100多万年，从温热的非洲老家一路跋涉到冷暖无常、充满挑战的东北亚，直立人与硕鬣狗之间不知曾发生过多少故事，化石能告诉我们的只是一小部分。毕竟，在彼时彼地，生存并不容易。

史前人类碰到的最强猛兽是什么?

对石器时代的史前人类来说,剑齿虎、狮子、老虎、棕熊,以及成群的鬣狗和狼,都是可怕的威胁。然而要论个体战斗力,人类祖先碰到过的最强猛兽,还要数冰河时代北美洲的短面熊。

短面熊生活在当时的北美洲西北部,大公熊体重可达900千克,肩高1.7米,比今天最大的北极熊还大。与其他熊类相比,短面熊更偏向肉食性,除食腐外也有一定的捕猎能力,甚至像是熊、狼和鬣狗的混合体——它们既有熊的庞大体形,又像狼一样腿长善跑,还有鬣狗般的发达臼齿和强劲咬合力。直到距今1.2万年的末次冰期结束时,它们赖以生存的大片草原、苔原变成了森林,而这时通过白令陆桥进入北美的人类,已经有了投矛器、弓箭等新型武器。在双重打击下,短面熊还是无奈灭绝了。

为什么会进化出"小矮人"

在奇幻大师托尔金笔下的中土世界，身材矮小却机智勇敢的霍比特人堪称最大亮点，不过大自然的演化神功，也未必输于奇幻大师的想象力。21世纪初，在印度尼西亚的一个小岛上，科学家真的找到了身高仅1米的史前"小矮人"——弗洛勒斯人的化石。

不简单的小矮人

号称"千岛之国"的印度尼西亚，如同一大串碧玉和珍珠，散布在两个大洲之间。今天的澳大利亚原住民，就是数万年前通过这些岛屿与海峡，从东南亚移居澳洲大陆的。

2003年，一支由印尼和澳大利亚两国人员联合组成的考察队，来到印尼南部的弗洛勒斯岛上搜寻原始人类遗迹，在岛

恐龙防身术

上的一个洞穴里有了意外发现——一具近乎完整、身高如同三岁小孩的史前人类骸骨！经过分析，这具骸骨的主人竟是一位成年女性，估计她活着时身高只有1.06米，体重25千克～30千克，比已知的所有史前人类都矮小得多。后来在同一个山洞里又发掘出了至少9个男女个体化石，最高的也只有1.09米。

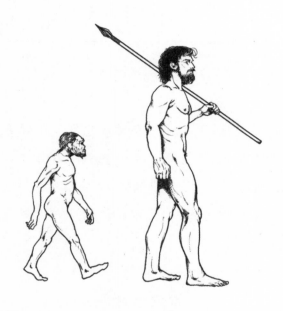

　　从身高来看，弗洛勒斯人简直就是"霍比特人真实版"，但他们可不像电影里的霍比特人那样，长着一副类似欧洲白人的面孔。复原显示，弗洛勒斯人额头低平，没有下巴，鼻子又宽又扁，肤色可能接近今天澳洲原住民的棕黑色，面容和我们差别还不算太大。另外还有一点可以告慰奇幻迷：弗洛勒斯人很可能也像电影中的霍比特人一样，长着一双毛茸茸的大脚。

浓缩的都是精华

比起弗洛勒斯人的身高，科学家对他们的大脑更感兴趣：这些小矮人不光个子小，脑袋也小。测量显示其脑容量只有380毫升左右，只有现代正常成年人的约1/3，甚至还没黑猩猩的脑容量大。

大脑毕竟不是电脑，没有集成电路、双核四核之类既省空间又提高功能的办法，一般认为脑容量大小与智力密切相关。脑瓜才这么点的小矮人，会不会"智商余额不足"呢？

然而在弗洛勒斯岛上，研究人员又发掘出了许多石刀、石斧等工具，尺寸正好适合这么矮小的人儿拿在手里。在弗洛勒斯人的山洞里，还发现了很可能是烧火烹调留下的焦骨。对他们大脑结构的分析表明，弗洛勒斯人可能拥有简单的语言，在群体中互帮互助，亲密合作。

证明弗洛勒斯人智商的最有力依据，来自山洞中的一些动物化石——这些小矮人居然能猎杀大象！不过，这并非我们熟悉的、几吨重的大象，而是已灭绝的矮化的剑齿象。

"矮人国"里不平静

剑齿象曾是100多万年前的亚洲常见古象，著名的黄河象就是其中之一。由于冰期全球海平面多次下降，有些剑齿象借此跨过如今已是海峡的一道道陆桥，进入弗洛勒斯岛。后来海平面回升，它们也和小矮人一起被隔绝在岛上。

令人惊异的是，岛屿环境仿佛魔法一般，把岛上的剑齿象变小了：化石显示，亚洲大陆上的剑齿象可长到近4米高、约10吨重，而弗洛勒斯岛上的矮化的剑齿象只有1米多高，约1吨重，相当于一头水牛。

小矮象和小矮人生活在同一个岛上，可不是巧合，而是自然演化法则在起作用。弗洛勒斯岛面积仅1.42万平方千米（不到海南岛的一半），且多为山区，资源有限。而生物学家早就发现，由于土地面积狭小、食物匮乏等因素，大型动物如果被隔离在岛屿环境里，其后代往往会在演化中迅速变小。弗洛勒斯人的祖先，应该就是这么越长越矮的。

与此相反，岛屿上的小型动物却往往像吹气球一样变大，比如太平洋一些小岛上的巨型昆虫、巨型壁虎等等。弗洛勒斯岛的老鼠就长成了大块头，其中有一种生存至今。这种巨鼠跟常见的大家鼠算是亲戚，只是从头到尾几乎有1米长，善于爬树。除了它们，小矮人的食谱还包括鸟、蛇、龟、蛙、鱼等多种动物。

那么，当时小矮人在岛上就没有对手吗？还真有，而且我们今天还能看到，这就是今天地球上最大的蜥蜴——科莫多巨蜥，当年它也生活在弗洛勒斯岛。科莫多巨蜥可长到3米长，满嘴利齿，唾液中还含有毒液，在弗洛勒斯人眼里或许就是像恐龙一样可怕的存在。

想象一下，只有三岁小孩高的小矮人，追逐着水牛般大的矮象、羊羔般大的巨鼠，还要留心犹如恐龙的巨蜥……说是活生生的奇幻世界也不为过吧。

非常问

弗洛勒斯人是怎么灭绝的？

研究表明，弗洛勒斯人至少在9.5万年前就已经在岛上了，而且直到1.2万年前仍然在岛上生活。地理考古表明，1.2万年前，弗洛勒斯岛上正好发生了一次剧烈的火山爆发，弗洛勒斯人以及岛上的矮象、巨蜥等大型动物，或许就是在那场大劫难中灭绝的。

目前科学家们一般认为，弗洛勒斯人的祖先就是直立人（亦称"晚期猿人"），很早就和我们这个物种——智人的祖先分道扬镳。而且，在这些小矮人尚未消失的年代，智人已经跨过了东南亚与澳大利亚之间的海域。那么这些小矮人的灭绝，会不会也和我们智人有关呢？

　　许多年来，弗洛勒斯岛上的岛民之间有一个传说：密林和山洞里生活着可怕的小矮人"艾布·戈戈"，他们行动敏捷，嘴大脚大，说话含混不清，经常偷窃村民的食物，有时还会抓走小孩子。岛民相信，至少直到17世纪西方航海家到来时，岛上的小矮人依然存在。甚至有人猜测，最后的小矮人可能是被岛民们设下圈套，用火烧死的。不过迄今为止，仍然没有发现比1.2万年前更晚的弗洛勒斯人化石，也没有岛上两种人类曾经"互动"的可靠证据……

尼安德特人为何输给了我们的祖先

今天地球上的70亿人类，尽管肤色、相貌、文化多种多样，但在生物学上都属于同一个物种——智人。不过在史前时代，地球上曾经长期存在好几种人类，其中著名的一种便是尼安德特人，又称"穴居人"。他们的身躯比我们更加强壮，他们的脑容量也不亚于我们，只是他们没能笑到最后。

尼安德特人是我们的祖先吗

1856年，在德国的尼安德特河谷，矿工们在山洞里发现了一具弯腰驼背的男性遗骨。当时有人认为，这可能是个拿破仑战争时期不幸死在洞里的俄国哥萨克人。后来研究者们很快发现这是数万年前的史前人类化石，并且长期把它作为丑陋的人类祖先——介于猿和人之间的一个进化环节，连直立行走都

不彻底。尼安德特人的俗称——穴居人，几乎是愚昧和丑陋的
同义词。

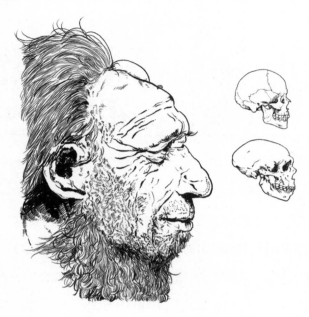

　　随着化石的增多、科研的深入，如今我们终于知道，尼
安德特人只是人类演化中的一个分支，并不是我们的直系祖
先，也和我们不是同一个物种。他们走路时也和我们一样身体
笔挺、步伐矫健，而当年最早发现的那具化石，其实属于一个
患严重关节炎的衰弱老人。

　　尼安德特人大约出现在30万年前，是冰河时代晚期亚欧
大陆的代表居民。从200多万年前开始，地球就进入了以冰河
时代闻名的历史时期——更新世。这期间全球气候寒冷、干燥
而多变，就连生活在非洲的早期原始人类也不胜其苦，一拨又

一拨走出非洲，进入亚欧大陆生活。

强壮又聪明

　　根据化石复原，生活在非洲的原始人类通常身材高瘦，而尼安德特人则是矮壮身材。尼安德特人成年男子的身高很少超过1.7米，四肢也比较短小，但他们的骨骼更加厚重结实，还有宽大的骨盆，这些说明他们身躯粗重，肌肉发达，相比之下智人简直弱不禁风。就连普通的尼安德特女子，其壮实程度可能都不亚于施瓦辛格、巨石强森。

　　作为在高寒环境下演化的人类物种，尼安德特人不光身强体壮，还有个像现代欧洲人一样高、像现代非洲人一样宽的大鼻子，可以高效率地在冰天雪地中呼吸。此外他们的下巴、牙齿也硕大有力，适合咀嚼粗糙坚硬的食物。

　　19世纪的科学家认为尼安德特人"四肢发达、头脑简单"，像大猩猩一样蠢笨。但其实尼安德特人的脑容量有1330毫升至1660毫升，并不比我们小。他们擅长狩猎猛犸象、披毛犀、大角鹿等冰河时代的大型动物，餐桌上经常有肉食。在智人崛起之前，尼安德特人可能是地球有史以来最出色的食肉动物。

　　除了打猎，尼安德特人在生火烹饪、缝制衣物、搭建帐篷等领域也样样精通，甚至知道如何利用草药。他们还有"多愁善感"的一面，会吹笛子、画岩画，照顾受伤或年迈的同伴，并且给死去的同伴举办葬礼。根据已知的遗迹，尼安德特人做这些事情，都比智人更早。

沟通是硬伤

不过，强壮又聪明的尼安德特人有两个缺点：他们大脑中控制社交的前额叶相对较弱，喉咙结构也有所欠缺，不能像我们一样清晰地说话。这两点对尼安德特人之间相互沟通、分工合作和发明创造非常不利。

或许正因为沟通上的缺陷，尼安德特人的科技进步非常缓慢，直到灭绝前夕依然用古老的技术打造石器，并用长矛近身与大型动物搏斗，不同部落间也很少交易物品。而同时期的智人，已经发明了投矛器、飞石索等远距离射杀野兽的装备，绘画、雕刻的水平也后来居上，远远超出尼安德特人的水平。

除此之外，尼安德特人为了维持强壮的身体，也需要摄入大量的食物，特别是肉食。这样一来，他们的人口数量就会被限制在一个比较低的水平。而在冰河时代晚期极端气候频发、兽群数量不稳定的情况下，尼安德特人既不能像智人一样吃素来渡过难关，也缺乏和邻居们交换物品的能力，逐渐把自己逼入了绝境。

在尼安德特人灭绝前的最后几万年里，他们越发退缩到气候酷寒、智人难以扎根的边缘地带，直到约3万年前彻底消失了。一般认为他们在生存竞争中输给了智人，两个物种之间甚至可能爆发过流血冲突。尼安德特人个体的强壮，毕竟抵挡不住智人在科技、人口和协作上的多重优势啊。

非常问

我们有尼安德特人的血统吗？

尽管尼安德特人并不是我们的直系祖先，但长期以来一直有科学家怀疑，他们曾经和智人有过混血，并把基因流传给了我们。近年有研究认为，亚欧大陆的现代人，也就是你和我身上，确实有1%～4%的尼安德特人基因。

恐龙防身术

图书在版编目（CIP）数据

恐龙防身术 / 董子凡著. —济南：明天出版社，
2016.12（2017.5重印）
（大嚼科学.古生物卷）
ISBN 978-7-5332-9045-0

Ⅰ.①恐… Ⅱ.①董… Ⅲ.恐龙—少儿读物
Ⅳ.① Q915.864-49

中国版本图书馆 CIP 数据核字（2016）第 277864 号

大嚼科学 古生物卷（恐龙防身术）

著者/董子凡

出 版 人/傅大伟
出版发行/山东出版传媒股份有限公司
　　　　　明天出版社
地　　址/山东省济南市胜利大街39号

http://www.sdpress.com.cn　http://www.tomorrowpub.com

经销/新华书店　　**印刷**/山东鸿君杰文化发展有限公司
版次/2016年12月第1版　　**印次**/2017年5月第2次印刷
规格/150毫米×210毫米　32开　7.25印张　118千字
印数/15001-20000
ISBN 978-7-5332-9045-0　　　　　定价/25.00 元

如有印装质量问题，请与出版社联系调换。　电话：(0531) 82098710